医疗
功能房间
详图集 III

总策划 董永青

编 著 杨 磊

编 委 崔卫东 马春萍 李鹏成 张 博

编 审 左厚才 赵 焱 傅馨延 丁泉峰 穆金亮

江苏凤凰科学技术出版社

南京

图书在版编目（CIP）数据

医疗功能房间详图集. Ⅲ / 杨磊编著. －－ 南京 ：
江苏凤凰科学技术出版社，2021.6
ISBN 978-7-5713-1893-2

Ⅰ．①医… Ⅱ．①杨… Ⅲ．①医院－建筑设计－图集
Ⅳ．①TU246.1-64

中国版本图书馆CIP数据核字(2021)第078746号

医疗功能房间详图集Ⅲ

编　　　著	杨　磊
项 目 策 划	凤凰空间／翟永梅
责 任 编 辑	赵　研　刘屹立
特 约 编 辑	翟永梅

出 版 发 行	江苏凤凰科学技术出版社
出版社地址	南京市湖南路1号A楼，邮编：210009
出版社网址	http://www.pspress.cn
总 经 销	天津凤凰空间文化传媒有限公司
总经销网址	http://www.ifengspace.cn
印　　　刷	河北京平诚乾印刷有限公司

开　　　本	889 mm×1 194 mm　1／16
印　　　张	14.5
字　　　数	290 000
版　　　次	2021年6月第1版
印　　　次	2021年6月第1次印刷

标 准 书 号	ISBN　978-7-5713-1893-2
定　　　价	98.00元

图书如有印装质量问题，可随时向销售部调换（电话：022-87893668）。

序 | Foreword

2020 年，在全球蔓延的"新冠"疫情，再次将人们的关注点聚焦到医疗卫生行业和医院建筑上，让医院建筑承载了更多的期待与思变。医院建筑如何规划设计，才能更符合使用者的实际需求，才能更安全、高效和绿色环保，才能更适应时代的发展，仍然是医院建设工作不同阶段从业人员不断的追求。

2019 年 10 月，在杭州召开的"中国工程建设协会标准 CECS 医院标准分会成立大会"上，我首次提出医院策划"以终为始"的理念。希望通过科学的"标准体系"建设，总结工程领域各行各业的经验，形成基础标准、通用标准与行业标准的完整体系；将材料、设备、技术形成基础标准，将建筑安全管理形成通用标准，将使用需求形成行业标准；再通过具象化的专业指南，将各种标准摘录贯通；在建设之初，为医院建筑交付成果提供完整的目标描述工具。

"医疗功能房间详图丛书"经过十年沉淀和陆续四册编写工作的经验积累，为描绘医院建设目标提供了系统方法论和大量数据，目前已经成为医院建设领域的工具书，是医院建筑行业的"无冕标准"。本次出版的《医疗功能房间详图集III》除进一步丰富房间数据外，更是为描述医院建筑交付标准添砖加瓦。

本书编著者杨磊先生所学专业为电子信息工程，从事医疗工艺条件设计十余年，深耕医疗空间行为研究，熟悉各类医用设备对建筑场地的要求，系统研究医疗空间行为对机电系统的需求，已逐步成长为医疗工艺领域的专家级人才。

"思变来源于痛点。"北京睿勤永尚建设顾问有限公司将继续致力于把医疗卫生机构建设项目尤其是各级各类医院建设项目的前期工作做准、做细，以公司成立十三年来研究积累的医院建设项目的大数据为新建、改扩建项目决策提供可靠的科学依据，改变"流水线式"建设模式，做好 EPC 总承包的专业顾问。睿勤顾问团队将秉承"以知识换品牌，以创新搏市场，以服务获回报"的宗旨，坚持"睿智源于勤奋"的初心，创建医疗工艺系列咨询服务工作的新高地。

董永青

2021 年 5 月

目录 Contents

第一章　医疗功能房间详图设计的理论体系　9

第二章　医疗工艺咨询在医院设计中的应用　18

第三章　医疗功能房间详图　21

第一章
医疗功能房间详图设计的理论体系

一、医疗工艺设计"三段论"

系统化的医院工艺设计，是通过研究确定医院的医疗指标、空间指标和技术指标，对医院建设提出全面、系统的功能需求的方法。

按照医院建设的一般过程，医院工艺设计可分为三个阶段：工艺规划设计阶段，确定医疗指标，主要进行可行性研究的定量分析；工艺方案设计阶段，确定空间指标，落实设计任务书和指导医院建筑的方案设计；工艺条件设计阶段，确定技术指标，主要进行医院建筑的初步设计、施工图设计和装修设计等工程设计与实施。

1. 医院工艺规划设计

工艺规划设计阶段的目标是确定与医院建设相关的医疗指标，主要进行可行性研究的定量分析，编制建筑设计任务书等。医疗工艺规划继承和补充医院战略规划阶段的主要工作成果，对医院战略规划进行总结和梳理，在前期立项阶段配合完成可行性研究报告，在项目规划阶段为医疗功能规划、设计任务书提供理论依据。

医院建设涉及政府各级部门的管理、医疗各种学科的需求、工程各个专业的配合，参与的人员非常多，涉及的知识范围很广。因此，为制定医院建设医疗方面的目标，应重点研究医疗相关的基本要求，并最终以指标的形式表达，旨在让参建人员将其落实，相关工程技术人员给予配合。

关于医院工艺规划设计，国内外均进行了大量实践，总结起来主要有医疗工作量测算、医疗功能单位搭建、建筑资源平衡和设计任务书编制等工作内容。

成果链：

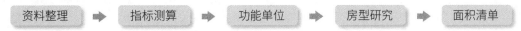

资料整理 ➡ 指标测算 ➡ 功能单位 ➡ 房型研究 ➡ 面积清单

2. 医院工艺方案设计

工艺方案设计阶段的主要目标是确定符合医院标准的合理有效的功能空间关系，工艺方案主要用于指导医院建筑方案设计。需要根据医疗指标和医疗流程，为各个医疗功能单位提供医疗功能房间组合方案。通过反复权衡功能空间与总建筑规模的关系，为决策者提供理性的功能空间建议。对于改造项目，可以比较直接地完成项目流程设计，为下一阶段的室内设计、机电设计提供直接的功能需求。

医院工艺方案设计是工艺系统中的重要环节。主要包括概念设计评估、空间指标策划、平面流程设计等内容，即做好适宜房型设计、一级流程设计、二级流程设计。

成果链：

3. 医院工艺条件设计

医院工艺条件设计阶段的主要目标是确定医疗功能房间的各项技术指标，主要用于初步设计和施工图等各工程专业设计的落实。

医院工艺条件设计阶段是以技术指标为目标，通过对医疗功能房间内的医疗行为需求的研究，对房间内应具有的各项技术条件提出完整的要求。工艺条件设计需要采用图纸和表格的形式表达，力求清晰完善，使各个专业工程师都能够理解，并按此需求搭建机电系统或其他技术体系，以满足房间内的行为需求。

成果链：

二、医疗工艺设计"八步法"

1. 整体计划与全程控制

根据国家相关规定与成功的医院建设案例，通过对对标医院的充分研究，规划制定项目全过程的工作流程与各个阶段的工作内容，形成"项目管理手册"。将管控重点放在各个设计阶段，充分发挥工艺设计团队在设计管理方面的核心价值，形成具有医院建设特点的计划与控制管理。

2. 战略规划与运营商业计划

在充分了解医院投资方对于医疗行业的认知和发展思路的基础上，通过目标市场分析、项目定位及学科策划等研究，给投资方提供医院定位、学科设置、建设规划、发展战略的建议，以及医院学科规划和运营测算的咨询。以《战略规划报告》《运营商业计划书》和《学科规划报告》的形式，为医院项目立项审批和运营测算提供依据，同时为医院确立学科设置。

3. 工艺规划与设计任务书

在项目策划确定的项目定位、学科设置、建设规划、发展战略的基础上，确定医疗功能单位及相关床位、诊室、手术室、大型设备及辅助设施等各类量化的医疗指标。通过房型研究将上述医疗指标以功能单位面积清单的方式进行科室调研和资源平衡。以《设计任务书》的形式，对建筑空间提出具体需求，从而更加科学地指导建筑规划及建筑方案设计。

4. 工艺方案与流程优化

依据医院项目量化及医疗指标需求，基于对医疗、护理、建筑等各方面知识的理解和融合，因各医疗功能单位的关联关系而将其在建筑规划方案中组合成为完整高效的医疗机构，并通过泡泡图、流程图、叠加图等形式进行表达。根据项目的不同阶段和实际需要，提供医疗功能流程设计或医疗功能流程优化的咨询服务，协助设计方完成建筑功能平面图及动线图的设计。

5. 工艺条件与专项设计

通过对医疗功能房间内的医疗行为、医疗设备和安全隐私要求的研究，对房间内三级流程及应具有的各项技术条件提出完整的末端点位要求，并以图纸和表格的形式进行表达。通过《功能技术规格书》的方式，使各专业工程师能够理解并按此需求完成机电系统搭建或其他技术体系设计。同时，根据项目情况，对医疗特殊区域和特殊空间进行专项技术设计。

6. 图纸工艺审查与评估

本阶段工作是针对各个阶段施工图纸的医疗工艺进行审查，对委托人或设计方提供的医院设计文件提供分析审查意见。考虑到在方案设计阶段重点落实一二级流程，室内设计阶段重点落实三级流程，本阶段更侧重于对施工图设计阶段建筑与各机电系统支撑医疗功能的程度进行评估。

7. 家具设备与过程评估

本阶段工作是在确定施工图后，根据医疗业务最终落实情况，编制整个项目所需家具与医用设备清单，以满足项目医用设备安装施工需求和医院开办采购统计需求。本清单文件以《功能技术规格书》为基础，以医院各学科落实的业务内容为目标，通过专业人员和专家的参与、论证，形成医院整体家具设备清单，并在施工过程中定期评估项目进展情况。

8. 开办咨询与验收评估

本阶段工作是在项目竣工后，根据前期《设计任务书》和《功能技术规格书》的具体要求，现场逐个房间核对功能需求的符合程度，最终形成《功能评估报告书》。同时，根据项目委托情况提供包括业务体系建设、开办许可报审、家具设备采购、项目设施接管等四个方面的部分工作内容。

三、医疗空间行为

1. 医疗空间行为的概念

研究医疗空间行为，即研究人在从事医疗工作时所进行的活动及其对活动所需空间、条件的要求。以个人医疗空间行为作为基本研究单元，继而了解医疗功能房间（行为系列）、医疗功能房间组（行为系统）、医疗功能单位（科室）的空间需求，最终了解整个医院的空间需求。

2. 医疗空间行为的分类

医院中人员类别复杂、人流量大、行为众多，那么如何分类研究人的行为呢？首先，将医疗空间行为与餐饮阅读、休闲娱乐等生活行为进行区分，重点聚焦于医院特有的医疗空间行为。其次，将医疗空间行为划分为医务人员主体和医疗设备主体两个方向进行研究。再者，在以上基础上对医护人员、医疗家具、医疗设备、机电暖通等条件进行细化。

医疗服务主体（A）：将以医护人员为主体的行为划分为 8 类：工作站行为、护理床行为、非护理行为、椅单位行为、操作台行为、清洗行为、存储行为、移动工作行为。

医疗服务主体（B）：将以医疗设备为主体的行为划分为 3 类：床头设备、包围式设备、坐站设备。

我们将以上的行为划分系统称为"医疗空间行为 8+3"系统（见下表），在此基础上，展开对医疗空间行为的定量研究。以患者住院的床旁护理行为为例，围绕"病房床单元"的行为是医院中的重要行为，需要一张住院病床的基础尺寸，需要病床两侧有一定的护理空间（床间距不小于 0.8 m，床墙距不小于 0.6 m），需要急救状态下床头床尾有一定的临时占位空间（距离不小于 0.4 m），需要治疗输液的医用推车通行空间，需要治疗用机电设备条件（氧气、负压、呼叫、电源、照明等）所占空间，需要隔帘、座椅等所占空间。

"医疗空间行为 8+3" 系统分类编码表（医疗服务主体部分）

分类编码	分类名称	分项编码	分项名称	典型行为示意
A1	工作站行为	A1.1	医生工作站	标准门诊医生工作站
				电脑办公位
		A1.2	医技工作站	放射设备控制台
				阅片工位
		A1.3	护士工作站	护士电脑办公
				病房护士站工位
		A1.4	服务工作站	收费挂号窗口
				发药窗口
				采血窗口
				接待窗口
		A1.5	其他工作站	人机查询
				院内信息发布
				远程会议／会诊
A2	护理床行为	A2.1	普通病房床单元	普通病床
				留观床单元
		A2.2	专科病房床单元	新生儿床单元
				透析病床
		A2.3	重症类床单元	ICU 病床
				NICU 床单元
A3	非护理行为	A3.1	一般诊疗床	普通诊床（站姿）
				普通诊床（坐姿）
		A3.2	专科诊疗床	针灸／按摩床
				妇科检查床
				注射／穿刺台
		A3.3	手术床	标准手术床
				清创手术床
				抢救床单元
		A3.4	休息床	陪床椅／床位
				值班床单元
A4	椅单位行为	A4.1	检查治疗椅	输液椅单元
				独立检查椅
		A4.2	专科诊疗椅	胎心监护椅
		A4.3	候诊椅	候诊椅
				休闲沙发

续表

分类编码	分类名称	分项编码	分项名称	典型行为示意
A5	操作台行为	A5.1	治疗操作台	一般配剂台
				儿童穿刺台
		A5.2	专科操作台	打包操作
				试验台
				中草药配剂
A6	清洗行为	A6.1	洗手类	标准洗手盆
				刷手池
				快速手消
		A6.2	洗涤类	器械清洗台
				污物清洗台
		A6.3	医疗用水类	清洁配奶
				洗婴台
		A6.4	生活用水类	开水
				卫生间（单间套／隔间）
A7	存储行为	A7.1	普通存储	资料柜
				患者储物柜
		A7.2	医疗储存	药品柜
				器械柜
		A7.3	污物存放	病区污物存放
				污衣被服存放
		A7.4	专科物品存放	铅衣柜
				常温通风储存
				低温储藏
A8	移动工作行为	A8.1	平车轮椅	轮椅
				平车
		A8.2	治疗推车	抢救车
				一般治疗推车

"医疗空间行为 8+3"系统分类编码表（医疗设备部分）

分类编码	分类名称	分项编码	分项名称	典型行为示意
A1	床头设备	B1.1	检查治疗设备	洗胃机
				全科诊查器械
				心脏除颤器
		B1.2	妇科治疗设备	妇科微波设备
				产后康复治疗仪
				阴道显微镜
		B1.3	康复设备	中频电疗仪
				臭氧治疗仪
		B1.4	内镜设备	胃肠内窥镜
				膀胱内窥镜
		B1.5	中医设备	电针仪
				艾灸治疗仪
		B1.6	功能检查设备	心电图机
				脑血流图仪
				彩超仪
		B1.7	透析设备	血液透析装置
				覆膜透析装置
		B1.8	儿科设备	新生儿心电图机
				新生儿测听仪
		B1.9	监护设备	新生儿监护仪
				有创监护仪
		B1.10	护理辅助设备	床旁洗浴车
				床旁消毒装置
A2	包围式设备	B2.1	放射诊断设备	DR
				CT
				MRI
		B2.2	放射治疗设备	直线加速器
				后装近距离治疗机
		B2.3	康复治疗设备	熏蒸舱
				步态水疗设备
		B2.4	口腔治疗设备	口腔牙椅
				全景牙片机

分类编码	分类名称	分项编码	分项名称	典型行为示意
A3	坐站设备	B3.1	检查治疗设备	血压计
				输液泵
		B3.2	功能检查设备	肺活量计
				测听听力计
		B3.3	康复设备	站立架
				作业治疗器械
		B3.4	五官设备	裂隙灯显微镜
				验光仪
				眼压计

四、医疗工艺信息管理系统（FDS）

医疗工艺信息管理系统（Healthcare Facility Functional Design System）简称 FDS，是通过标准数据与信息化的数据库相结合，根据医院规划要求，对医院内的科室、房间、家具、设备、机电网络等信息进行整合，为达成项目预期的目标提供逻辑化的决策依据、设计数据参考。

1. FDS 的编码体系简介

数据库的搭建需要成体系的编码系统，FDS 中涵盖多种编码体系，并可以按照类别进行统计分析、数据对比。其主要的编码体系如下：

（1）功能单位编码：根据医疗机构诊疗科目，建立功能单位的标准体系。医疗机构功能单位分为九大类：D1 急诊单位、D2 门诊单位、D3 住院单位、D4 医技单位、D5 保障系统、D6 行政管理、D7 院内生活、D8 教学单位、D9 科研单位。

（2）功能房间编码：按照医疗功能房间用途进行医疗功能房间分类。分为六大类：R1 一般诊疗类，指医院内进行一般诊疗活动的房间，以患者为主要行为活动中心，室内没有较高医疗风险和设备环境要求；R2 治疗处置类，指医院内进行专业医疗操作活动的房间，有较高医疗风险和较高感染控制要求；R3 医疗设备类，指医院内主要用于人体检测、检查、治疗的大小型医疗设备或特殊设备专用的房间；R4 加工实验类，指医院内对物品进行加工、检测、实验等专用房间；R5 办公生活类，指医院内用于办公、生活、信息档案、会议示教等非医疗操作间；R6 医疗辅助类，指仅在医院内出现的特殊用房、辅助用房和医疗物资专用库房。

（3）医疗设备编码：根据医疗器械分类目录进行划分。编码分为 24 大类，其中包括：20 普通诊察器械，21 医用电子仪器设备，22 医用光学器具、仪器及内窥镜设备，23 医用超声仪器及有关设备，24 医用激光仪器设备，25 医用高频仪器设备，26 物理治疗及康复设备，27 中医器械，28 医用磁共振设备，30 医用 X 射线设备，31 医用 X 射线附属设备及部件，32 医用高能射线设备，33 医用核素设备，34 医用射线防护用品、装置，40 临床检验分析仪器，41 医用化验和基础设备器具，45 体外循环及血液处理设备，46 植入材料和人工器官，54 手术室、急救室、诊疗室设备及器具，55 口腔科设备及器具，56 病房护理设备及器具，57 消毒和灭菌设备及器具，58 医用冷疗、低温、冷藏设备及器具，64 医用卫生材料及敷料。

（4）医疗家具编码：依据既往项目总结，将医院中常用的家具、非医疗电器、特殊家具等进行了分类编码，便于统计采购。编码分为 3 大类：J1 家具类、J2 电器类、J3 水具类。

2. FDS 能够做出的成果文件

1）学科调研的成果汇总

学科调研前，用 FDS 根据项目前期需求，做出调研版面积清单及标准房型示意。调研后，用 FDS 根据调研数据，对项目数据库信息进行调整、更新、补充，做出项目定制的新版面积清单、标准房型、项目定制房型以及全院家具设备表。

2）各项汇总数据的统计归集

在项目定制完成后，用 FDS 可按照编码系统汇总四大类功能数据：（1）面积汇总，主要用于查看医院各个科室面积及其分配情况；（2）面积清单，主要包括医院各个科室内的房间清单、房间面积分配和房间详图；（3）全院的家具和设备清单，可分别按照医疗器械分类和科室属性两个不同的逻辑进行统计，用于器械采购和科室分配；（4）房间参数表，主要用于查看全院各科室房间信息及建筑机电要求。

第二章

医疗工艺咨询在医院设计中的应用

一、医疗工艺咨询的作用

1. 医疗工艺咨询成果是设计工作的重要依据

《综合医院建筑设计规范》明确了医疗工艺的任务与在设计管理中的作用。医疗工艺必须遵循医院投资目标、运营目标和学科目标，对目标进行量化分解，分解到能够作为建筑设计依据的深度。

2. 医疗工艺设计是医院项目量化目标的方法论

医疗工艺采用数据分析的方法进行医疗工艺设计量化工作。通过在目标量化阶段的研究，在设计阶段对设计成果进行审查并提出优化建议。

3. 医疗工艺咨询团队是医院运营团队的重要助手

由于医疗与建筑都是知识体系庞大的行业，很难单纯依靠医务人员和设计人员的既往工作经验，系统地由宏观到微观提出量化需求。需要借助医疗工艺专业基于微观研究的积累与宏观指导设计的经验，尽快做出正确决定，为医院将来的高效运行打好基础。

4. 医疗工艺咨询团队是设计管理的重要资源

由于工程建设项目具有严格的政策、标准规范要求的约束，项目建设的目标与规模是关键要素。如果建设内容背离了相关要求，在建设过程中随时会出现质疑，甚至颠覆性的改变。医疗工艺咨询的使命就是按照已确定的目标，根据合规合理的指标参数体系，为项目建立符合逻辑的量化需求，为建筑设计提供合规、可行、量化的设计依据。

二、医疗工艺咨询在设计中的应用

医疗工艺团队是医院运营团队的助手，为运营团队提供量化需求和设计成果评估。医疗工艺团队应依照《综合医院建筑设计规范》对医疗工艺的明确要求，并按照工程建设的一般规律，协助医院梳理定位、整理指标、量化需求，为规划设计提供量化任务。通过案例分析等方式，对新建医院的医疗流程进行研究与确认，参与医院和设计师的论证，对建筑流程进行优化。通过研究与调研，系统化地提供每类医疗空间的需求条件，为工程设计打好基础。

1. 医院定位与学科规划研究阶段

医疗工艺团队应在医院事业发展规划基础上，梳理医院的各种愿景，形成明确的总体定位、人群定位、学科定位、经营定位、建筑定位五大定位描述。根据定位原则对医疗学科指标进行整理，协助医院形成完整量化的学科设置与规模。

2. 医院建设内容与面积标准研究阶段

医疗工艺团队应基于项目批准文件和各项医疗法规，细化医院各项功能指标，参照国家现行建设标准，类比其他对标医院的情况，与医院共同进行医院项目建设标准的分析研究，并以此作为项目资源分配的依据。

3. 医疗功能空间与医疗流程研究阶段

医疗工艺团队应根据医院学科规模和医疗行业标准，采用参数法和调研法，规划各类必需的医疗功能空间，协助医院按照投资批复文件进行资源平衡。同时，收集并研究国内外典型医疗流程，与医院共同分析各个医院案例流程的优缺点及项目适用性，从而确定项目的预期医疗流程。依据医院学科规模、医疗指标以及相关法规，编制主要功能房间详图、功能单位面积清单、一二级医疗流程建议。

4. 参与建筑一级流程优化阶段

医疗工艺团队应在各方确定的概念设计基础上，与医院共同协助设计师优化建筑一级流程，并调整功能空间需求以适应建筑资源条件，最终完成各方都能够接受的概念设计成果。

5. 参与建筑二级流程优化阶段

医疗工艺团队应在设计单位提供的平面方案设计基础上，与医院共同协助设计师优化建筑二级流程。根据医院批准量化设计任务书中的功能单位面积清单和确定的一级流程方案，评估科室需求符合度，评估预期的二级医疗流程实现度，并提供专业可行的优化建议。

6. 提供各类医疗空间条件阶段

医疗工艺团队应在设计单位最终批准的建筑方案设计基础上，协助医院为设计师提供系统完整的医

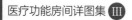

疗空间条件标准，由各专业设计师落实系统设计与平面设计。对建筑平面中各个典型房间进行索引，按照索引房间类型提供典型医疗空间房间详图，包括家具设备布置、各机电专业要求等标准条件。

7. 对各个专业施工图纸进行医疗工艺审查阶段

医疗工艺团队应在各专业设计师提交施工图纸后，复核医疗流程是否有关键改变，并按照前期提供的工艺条件标准评估施工图的实现程度，并出具评估报告。

8. 施工期间与竣工验收的评估服务

对施工期间的重要变更进行医疗工艺审核，并出具审核报告。对竣工验收过程中的医疗工艺问题进行评估，并出具评估报告。

第三章
医疗功能房间详图

根据医疗行为研究，总结相关规律，提出将医疗功能房间按功能分为六类，力求从研究角度更加高度概括，同时便于实际应用。

（1）R1 一般诊疗类：指医院内一般诊疗活动，以患者为主要行为活动中心，室内没有较大医疗风险和设备环境要求。

（2）R2 治疗处置类：指医院内涉及专业医疗操作活动，有较大医疗风险和较强感染控制要求。

（3）R3 医疗设备类：指医院内涉及主要用于人体检测、检查、治疗的大小型医疗设备或特殊设备专用房间。

（4）R4 加工实验类：指医院内针对物品的加工、检测、实验等专用房间。

（5）R5 办公生活类：指医院内用于办公、生活、档案、信息、会议示教等非医疗操作房间。

（6）R6 医疗辅助类：指医院内一些只有在医院中出现的特殊用房和医疗物资专用库房。

房间编码系统根据以上大的分类进行，其中二级编码由两位阿拉伯数字组成，代表功能单位名称；三级编码由两位阿拉伯数字组成，代表功能房间名称；四级编码由两位阿拉伯数字组成，代表功能特点，如 R1010104 即"一般诊疗—普通诊室—单人诊室—单人诊室（独立卫生间）"房间。

下面具体阐述 100 个医疗功能房间的空间类别、房间编码、平面布局图、装备清单及机电要求等内容。

1. 单人诊室（独立卫生间）

空间类别	一般诊疗	房间编码
	空间及行为	
房间名称	单人诊室（独立卫生间）	R1010104

说明： 单人诊室是医生与患者直接交流，进行初步检查、初步诊断并完成诊查记录的场所。患者在护士引导或帮助下进入诊室坐定。医生首先进行问诊，然后根据需要，对患者进行体格检查。此房型为医患共用入口型，设置独立等候区,可提供高端及隐私要求高的医疗服务。

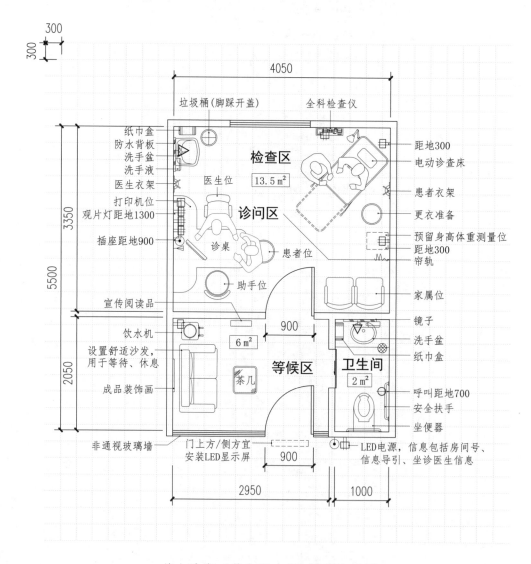

单人诊室（独立卫生间）平面布局图

图例： ▭电源插座 ⌒呼叫 ▷电话 ⊗地漏
⊲感应龙头 T电视 ▭观片灯 ⊙网络

注：本书图内数据单位除有特殊标注外均为毫米（mm）。

空间类别	一般诊疗 装备及环境			房间编码	
房间名称	单人诊室（独立卫生间）			R1010104	

建筑要求	规格
净尺寸	开间×进深：4050×5500 面积：22 m²，高度：不小于2.6 m
装修	墙地面材料应便于清扫、擦洗，不污染环境 顶棚应采用吸声材料
门窗	门应设置非通视窗、U形门把手。窗户设置应保证自然采光和通风的需要
安全私密	需设置隔帘保护病患隐私，房间如果有落地窗，应设置安全栏杆保护医患安全

装备清单		数量	规格	备注
家具	诊桌	1	700×1400	T形桌，宜圆角
	沙发茶几	1	1850×700	尺寸根据产品型号
	圆凳	3	380	直径
	垃圾桶	1	300	直径
	诊椅	1	526×526	带靠背，可升降，可移动
	衣架	2	—	尺寸根据产品型号
	帘轨	1	—	L形
	洗手盆	2	500×450×800	防水板、纸巾盒、洗手液、镜子（可选）
设备	电动诊床	1	1178×520×520	电动检查床
	全科检查仪	1	—	
	工作站	1	—	包括显示器、主机、打印机
	LED	1	—	尺寸根据产品型号
	观片灯	1	402×506×110	（单联）医用观片灯，功率60 W（参考）
	身高体重仪	1	—	尺寸根据产品型号

机电要求		数量	规格	备注
医疗气体	氧气(O)	—	—	
	负压(V)	—	—	
	正压(A)	—	—	
弱电	网络接口	2	RJ45	
	电话接口	1	RJ11	或综合布线
	电视接口	—	—	
	呼叫接口	1	—	
强电	照明	—	照度：300 lx，色温：3300～5300 K，显色指数：不低于80	
	电插座	10	220 V，50 Hz	五孔
	接地	1	小于1Ω	设在卫生间
给排水	上下水	3	安装混水器	洗手盆、坐便器
	地漏	1		
暖通	湿度/%		30～60	
	温度/℃		冬季：20～24；夏季：23～26	机械排风
	净化		新风量满足要求（有外窗，过渡季可采用自然通风）	

2. 急诊诊室（双入口）

空间类别	一般诊疗 空间及行为	房间编码
房间名称	急诊诊室(双入口)	R1010125

说明： 急诊诊室是用于急诊问询、诊查并完成记录的场所。根据医疗行为特点，可考虑检查床外置。诊室入口处预留一定的活动空间，更利于推床进出及医生观察下一位患者情况。需保证平车、轮椅的使用及无障碍需求。房间对静音要求不高，患者入口侧可设隔帘，建议净面积不小于11 ㎡。

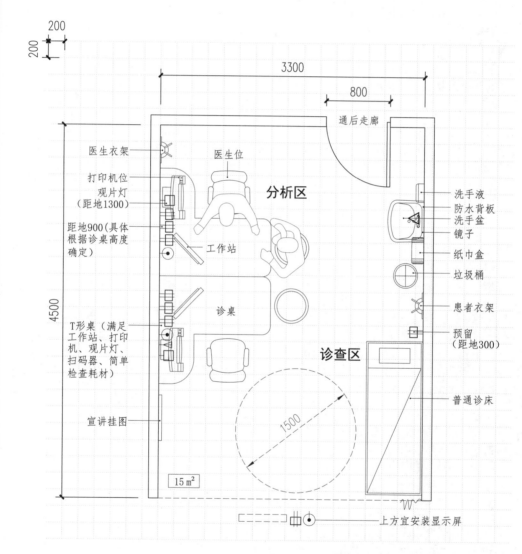

急诊诊室（双入口）平面布局图

图例： ⊞-电源插座 ◯-呼叫 ▷-电话 ◉-地漏
◁-感应龙头 T-电视 ▯-观片灯 ◉-网络

空间类别	一般诊疗	房间编码	
	装备及环境		
房间名称	急诊诊室(双入口)	R1010125	

建筑要求	规格
净尺寸	开间×进深:3300×4500 面积:15 m²,高度:不小于2.6 m
装修	墙地面材料应便于清扫、擦洗,不污染环境 顶棚应采用吸声材料
门窗	—
安全私密	需设置隔帘保护患者隐私

装备清单		数量	规格	备注
家具	诊桌	2	700×1400	T形桌,宜圆角
	诊床	1	1850×700	宜安装一次性床垫卷筒纸
	垃圾桶	1	300	直径
	诊椅	2	526×526	带靠背,可升降,可移动
	衣架	2	—	尺寸根据产品型号
	帘轨	1	3300	直线形
	洗手盆	1	500×450×800	防水板、纸巾盒、洗手液、镜子(可选)
	圆凳	2	380	直径
设备	工作站	2	600×500×950	包括显示器、主机、打印机
	显示屏	1	—	尺寸根据产品型号
	观片灯	2	402×506×110	(单联)医用观片灯,功率60 W(参考)

机电要求		数量	规格	备注
医疗气体	氧气(O)	—	—	
	负压(V)	—	—	
	正压(A)	—	—	
弱电	网络接口	3	RJ45	
	电话接口	1	RJ11	或综合布线
	电视接口	—	—	
	呼叫接口	—	—	
强电	照明	—	照度:300 lx,色温:3300~5300 K,显色指数:不低于80
	电插座	11	220 V,50 Hz	五孔
	接地	—		
给排水	上下水	1	安装混水器	洗手盆
	地漏	—		
暖通	湿度/%		30~60	
	温度/℃		18~26	宜优先采用自然通风
	净化		—	

3. 急诊诊室（含值班床）

空间类别	一般诊疗 空间及行为	房间编码
房间名称	急诊诊室（含值班床）	R1010132

说明： 急诊诊室是医生对急诊患者进行快速检查、诊断和紧急处理的场所。考虑到急诊快速检查的需求，诊床应靠近入口处，方便医生对患者进行快速检查及紧急情况处理。可设置医生休息床，满足项目需求。

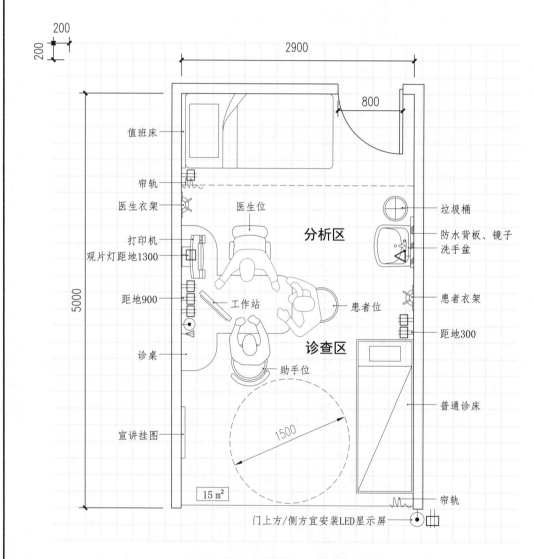

急诊诊室（含值班床）平面布局图

图例： ⊟电源插座 ⌒呼叫 ▷电话 ⊗地漏
◁感应龙头 T电视 □观片灯 ⊙网络

空间类别	一般诊疗	房间编码
	装备及环境	
房间名称	急诊诊室（含值班床）	R1010132

建筑要求		规格
净尺寸		开间×进深：2900×5000
		面积：15 m²，高度：不小于2.6 m
装修		墙地面材料应便于清扫、擦洗，不污染环境
		顶棚应采用吸声材料
门窗		—
安全私密		需设置隔帘保护患者隐私

装备清单		数量	规格	备注
家具	诊桌	1	700×1400	T形桌，宜圆角
	诊床	1	1850×700	宜安装一次性床垫卷筒纸
	值班床	1	2050×900×1900	钢制喷塑革面双层值班床
	垃圾桶	1	300	直径
	诊椅	1	526×526	带靠背，可升降，可移动
	衣架	2	—	尺寸根据产品型号
	帘轨	2	—	直线形
	洗手盆	1	500×450×800	防水板、纸巾盒、洗手液、镜子（可选）
	圆凳	2	380	直径
	助手椅	1	380	直径，带靠背
设备	工作站	1	—	包括显示器、主机、打印机
	显示屏	1	—	尺寸根据产品型号
	观片灯	1	402×506×110	（单联）医用观片灯，功率60 W（参考）

机电要求		数量	规格	备注
医疗气体	氧气(O)	—	—	
	负压(V)	—	—	
	正压(A)	—	—	
弱电	网络接口	2	RJ45	
	电话接口	1	RJ11	或综合布线
	电视接口	—	—	
	呼叫接口	—	—	
强电	照明	—	照度：300 lx，色温：3300～5300 K，显色指数：不低于80	
	电插座	8	220 V，50 Hz	五孔
	接地	—		
给排水	上下水	1	安装混水器	洗手盆
	地漏			
暖通	湿度/%		30～60	
	温度/℃		冬季：20～24；夏季：23～26	机械排风
	净化		新风量满足要求（有外窗，过渡季可采用自然通风）	

4. 中医传承诊室

空间类别	一般诊疗	房间编码
	空间及行为	
房间名称	中医传承诊室	R1010133

说　明： 中医传承诊室用于中医诊查的房间，房间内需设置助手位或学生位，需基本满足3人以上开展工作的基本办公条件；诊断桌椅、文件柜等家具应体现中式风格、装饰装修应体现中医药传统文化特色。

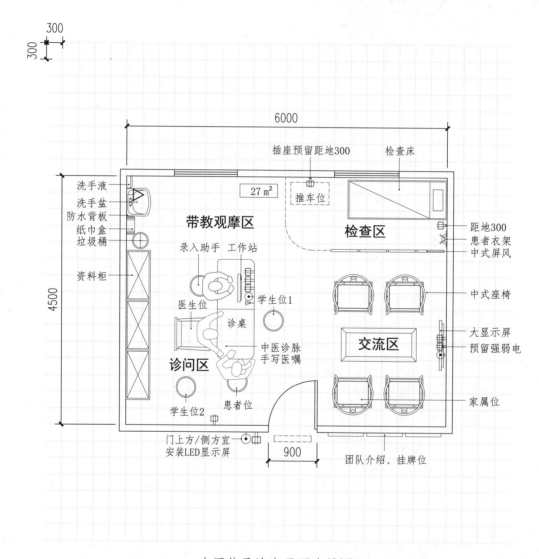

中医传承诊室平面布局图

图例： ⊟电源插座　⌒呼叫　▷电话　⊗地漏

◁感应龙头　T电视　□观片灯　◉网络

空间类别	一般诊疗	房间编码
	装备及环境	
房间名称	中医传承诊室	R1010133

建筑要求	规格
净尺寸	开间×进深:6000×4500
	面积:27 m²,高度:不小于2.6 m
装修	墙地面材料应便于清扫、擦洗,不污染环境
	屋顶应采用吸声材料
门窗	门应设置非通视窗、U形门把手。窗户设置应保证自然采光和通风的需要
安全私密	需设置隔帘保护患者隐私

装备清单		数量	规格	备注
家具	诊桌	1	700×2000	条形桌,宜圆角
	诊椅	1	526×526	中式座椅
	患者圆凳	1	380	直径,中式圆凳
	医生圆凳	3	380	直径,中式圆凳
	洗手盆	1	600×450×800	防水板、纸巾盒、洗手液、镜子(可选)
	垃圾桶	1	300	直径
	诊床	1	1850×700	宜安装一次性床垫卷筒纸
	衣架	1	—	尺寸根据产品型号
	中式屏风	1	—	尺寸根据产品型号
	交流桌椅	1套	—	中式风格,含桌、座椅
设备	工作站	1	600×500×950	包括显示器、主机、打印机
	显示屏	1	—	尺寸根据产品型号
	大显示屏	1	—	壁挂或落地安装,病例讨论使用

机电要求		数量	规格	备注
医疗气体	氧气(O)	—	—	
	负压(V)	—	—	
	正压(A)	—	—	
弱电	网络接口	3	RJ45	
	电话接口	1	RJ11	或综合布线
	电视接口			
	呼叫接口			
强电	照明	—	照度:300 lx,色温:3300～5300 K,显色指数:不低于80	
	电插座	10	220 V,50 Hz	五孔
	接地	—	—	
给排水	上下水	1	安装混水器	洗手盆
	地漏			
暖通	湿度/%		30～60	
	温度/℃		18～26	宜优先采用自然通风
	净化		—	

5. 肛肠科诊室

空间类别	一般诊疗	房间编码
	空间及行为	
房间名称	肛肠科诊室	R1010134

说明：　肛肠科诊室是肛肠科专用的医疗功能用房，兼顾诊查、治疗功能。肛肠科疾病主要指消化道末端所发生的疾病，包含便秘、肛裂、肛瘘、混合痔、内痔、外痔等。在房间内，患者需脱裤检查，对房间隐私、排风除异味有要求。

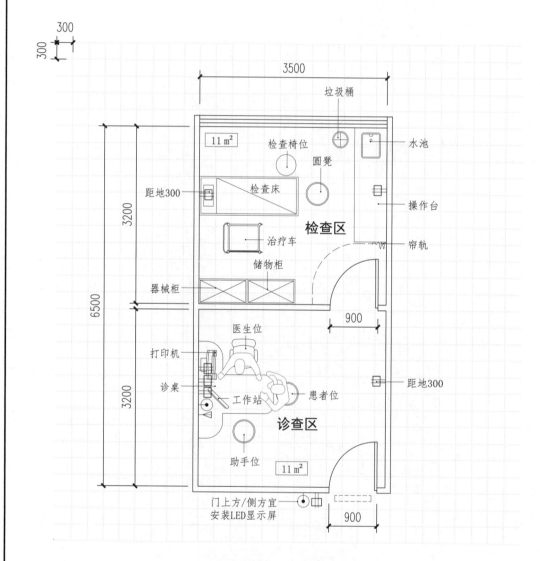

肛肠科诊室平面布局图

图例：⊟电源插座　◯呼叫　▷电话　⊗地漏
　　　◁感应龙头　T电视　▢观片灯　⊙网络

空间类别	一般诊疗 装备及环境	房间编码	
房间名称	肛肠科诊室	R1010134	

建筑要求	规格
净尺寸	开间×进深：3500×6500 面积：22 m²，高度：不小于2.6 m
装修	墙地面材料应便于清扫、擦洗，不污染环境 顶棚应采用吸声材料
门窗	—
安全私密	需设置隔帘保护患者隐私

装备清单		数量	规格	备注
家具	诊桌	1	700×1400	T形桌，宜圆角
	检查诊床	1	1850×700	宜安装一次性床垫卷筒纸
	器械柜	1	900×450×1850	尺度据产品型号
	垃圾桶	1	300	直径
	诊椅	1	526×526	带靠背，可升降，可移动
	储物柜	1	900×450×1850	尺寸根据产品型号
	帘轨	1	—	L形
	洗手盆	1	500×450×800	防水板、纸巾盒、洗手液、镜子（可选）
	圆凳	3	380	直径
	边台水池	1	—	尺寸根据产品型号
设备	工作站	1	—	包括显示器、主机、打印机
	治疗车	1	—	尺寸根据产品型号
	打印机	1	—	尺寸根据产品型号

机电要求		数量	规格	备注
医疗气体	氧气(O)	—	—	
	负压(V)	—	—	
	正压(A)	—	—	
弱电	网络接口	2	RJ45	
	电话接口	1	RJ11	或综合布线
	电视接口	—	—	
	呼叫接口	—	—	
强电	照明	—	照度：300 lx，色温：3300～5300 K，显色指数：不低于80	
	电插座	7	220 V，50 Hz	五孔
	接地			
给排水	上下水	1	安装混水器	洗手盆
	地漏	—	—	
暖通	湿度/%		30～60	
	温度/℃		18～26	宜优先采用自然通风
	净化		—	

6. 心理评估室

空间类别	一般诊疗 空间及行为	房间编码
房间名称	心理评估室	R1020103

说明： 心理评估是指在生物、心理、社会、医学模式的共同指导下，综合运用谈话、观察、测验的方法，对个体的心理现象进行全面、系统、深入分析的总称。

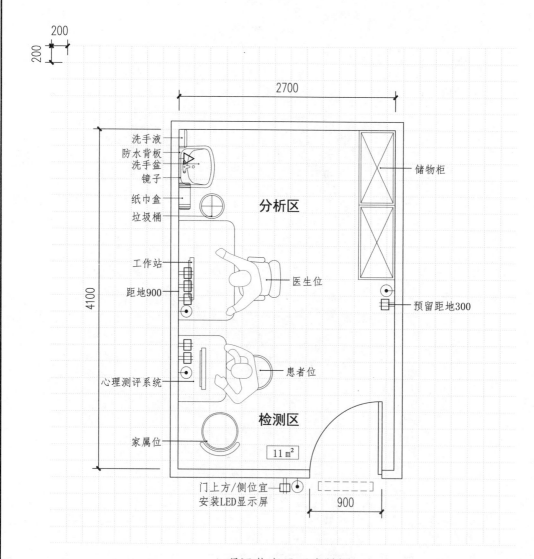

心理评估室平面布局图

图例：⊟电源插座　⌒呼叫　▷电话　⊗地漏
　　　◁感应龙头　T电视　□观片灯　●网络

空间类别	一般诊疗	房间编码	
	装备及环境		
房间名称	心理评估室	R1020103	

建筑要求	规格
净尺寸	开间×进深:2700×4100 面积:11 m²,高度:不小于2.6 m
装修	墙地面材料应便于清扫、擦洗,不污染环境 顶棚应采用吸声材料
门窗	—
安全私密	需设置隔帘保护患者隐私

装备清单		数量	规格	备注
家具	办公桌	2	1000×700×760	标准办公桌
	洗手盆	1	500×450×800	防水板、纸巾盒、洗手液、镜子(可选)
	垃圾桶	1	300	直径
	座椅	1	526×526	带靠背、可升降、可移动
	圆凳	2	380	直径
	储物柜	2	900×400×1850	尺寸根据产品型号
设备	工作站	1	—	包括显示器、主机、打印机
	心理评估系统	1	—	尺寸根据产品型号
	LED	1		叫号机信息显示一体机

机电要求		数量	规格	备注
医疗气体	氧气(O)	—	—	
	负压(V)	—	—	
	正压(A)	—	—	
弱电	网络接口	4	RJ45	
	电话接口	—	RJ11	或综合布线
	电视接口	—	—	
	呼叫接口	—	—	
强电	照明	—	照度:300 lx,色温:3300～5300 K,显色指数:不低于80	
	电插座	8	220 V,50 Hz	五孔
	接地	—	—	
给排水	上下水	1	安装混水器	洗手盆
	地漏			
暖通	湿度/%		30～60	
	温度/℃		18～26	宜优先采用自然通风
	净化		—	

7. 皮肤科诊室

空间类别	一般诊疗	房间编码
	空间及行为	
房间名称	皮肤科诊室	R1020201

说明： 皮肤科诊室是用于医患交流、初步检查、初步诊断，并完成诊查记录的场所。一般为一医一患，需要一定的活动空间。皮肤科诊查中脱衣检查较多，房间内需设置隔帘，保护患者隐私。诊疗中常会有异味产生，需排风设施及时排除异味。

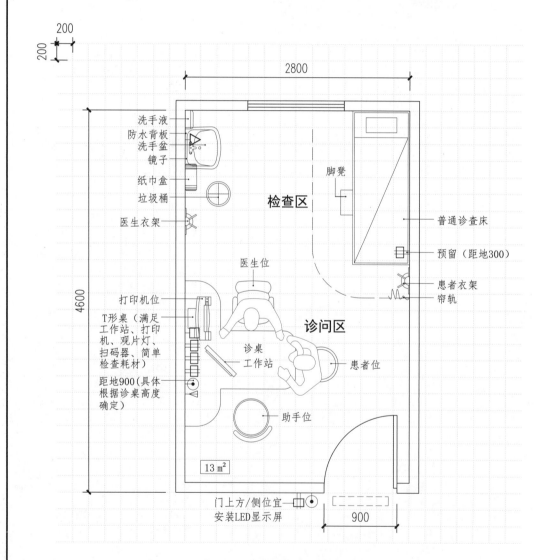

皮肤科诊室平面布局图

图例：⊟电源插座 ○呼叫 ▷电话 ⊗地漏
　　　◁感应龙头 Ｔ电视 □观片灯 ⊙网络

空间类别	一般诊疗 装备及环境	房间编码	
房间名称	皮肤科诊室	R1020201	

建筑要求	规格
净尺寸	开间×进深:2800×4600 面积:13 m², 高度:不小于2.6 m
装修	墙地面材料应便于清扫、擦洗,不污染环境 顶棚应采用吸声材料
门窗	门应设置非通视窗、U形门把手。窗户设置应保证自然采光和通风的需要
安全私密	需设置隔帘保护病患隐私,房间如果有落地窗,应设置安全栏杆保护医患安全

装备清单		数量	规格	备注
家具	诊桌	1	700×1400	T形桌,宜圆角
	诊床	1	1850×700	宜安装一次性床垫卷筒纸
	脚凳	1	400×280×120	不锈钢脚踏凳
	垃圾桶	1	300	直径
	诊椅	1	526×526	带靠背,可升降,可移动
	衣架	2	—	尺寸根据产品型号
	帘轨	1	—	L形
	洗手盆	1	500×450×800	防水板、纸巾盒、洗手液、镜子（可选）
	圆凳	1	380	直径
	助手椅	1	380	直径,带靠背
设备	工作站	1	—	包括显示器、主机、打印机
	显示屏	1	—	尺寸根据产品型号
	观片灯	1	402×506×110	（单联）医用观片灯,功率60 W（参考）

机电要求		数量	规格	备注
医疗 气体	氧气(O)	—	—	
	负压(V)	—	—	
	正压(A)	—	—	
弱电	网络接口	2	RJ45	
	电话接口	1	RJ11	或综合布线
	电视接口	—	—	
	呼叫接口	—	—	
强电	照明	—	照度:300 lx, 色温:3300～5300 K, 显色指数:不低于80	
	电插座	6	220 V, 50 Hz	五孔
	接地	—	—	
给排水	上下水	1	安装混水器	洗手盆
	地漏	—	—	
暖通	湿度/%		30～60	
	温度/℃		18～26	宜优先采用自然通风
	净化		—	

8. 皮肤镜检查室

空间类别	一般诊疗	房间编码
	空间及行为	
房间名称	皮肤镜检查室	R1020205

说明： 皮肤镜检查室是皮肤科的专用医疗功能用房。利用电子皮肤镜进行无创的检查诊断，可以放大肉眼难以观察到的皮肤颜色和结构，可以提高黑素细胞性、非黑素细胞性及各种良恶性皮损、黑素瘤的临床诊断准确率。

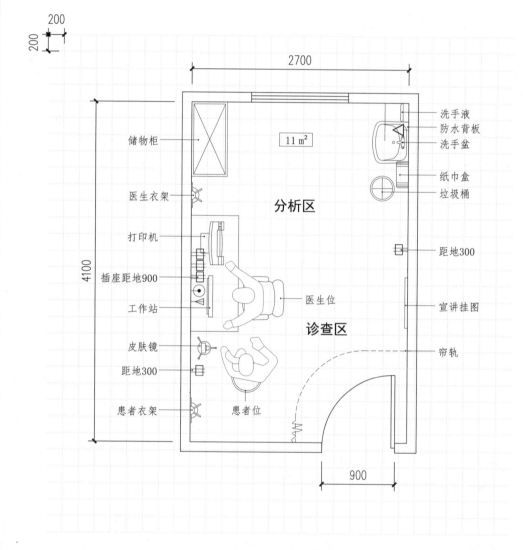

皮肤镜检查室平面布局图

图例： ⊟电源插座 ◯呼叫 ▷电话 ⊗地漏
◁感应龙头 Ｔ电视 ▭观片灯 ◉网络

空间类别	一般诊疗 装备及环境	房间编码
房间名称	皮肤镜检查室	R1020205

建筑要求	规格
净尺寸	开间×进深:2700×4100
	面积:11 m², 高度:不小于2.6 m
装修	墙地面材料应便于清扫、擦洗,不污染环境
	顶棚应采用吸声材料
门窗	门应设置非通视窗、U形门把手。窗户设置应保证自然采光和通风的需要
安全私密	需设置隔帘保护患者隐私

装备清单		数量	规格	备注
家具	诊桌	1	700×1400	尺度据产品型号
	洗手盆	1	500×450×800	防水板、纸巾盒、洗手液、镜子(可选)
	圆凳	1	380	直径
	垃圾桶	1	300	直径
	诊椅	1	526×526	带靠背,可升降,可移动
	储物柜	1	900×450×1850	尺寸根据产品型号
设备	皮肤镜	1	—	尺寸根据产品型号
	工作站	1	—	包括显示器、主机、打印机
	显示屏	1	—	尺寸根据产品型号

机电要求		数量	规格	备注
医疗气体	氧气(O)	—	—	
	负压(V)	—	—	
	正压(A)	—	—	
弱电	网络接口	2	RJ45	
	电话接口	1	RJ11	或综合布线
	电视接口	—	—	
	呼叫接口	—	—	
强电	照明	—	照度:300 lx, 色温:3300～5300 K, 显色指数:不低于80	
	电插座	7	220 V, 50 Hz	五孔
	接地	—	—	
给排水	上下水	1	安装混水器	洗手盆
	地漏	—		
暖通	湿度/%		30～60	
	温度/℃		冬季:20～24; 夏季:23～26	机械排风
	净化		新风量满足要求(有外窗, 过渡季可采用自然通风)	

9. 预约式妇科诊室

空间类别	一般诊疗	房间编码
	空间及行为	
房间名称	预约式妇科诊室	R1020302

说明： 妇科诊室适用于妇科、计划生育科。医生为了了解患者病情，必要时需对患者进行检查，患者卧于妇科诊察床上，医生对患者进行妇科内诊检查、取液、刮片等处置。室内环境应柔和舒适，以缓解病患紧张感。房间需设置隔帘保护患者隐私。

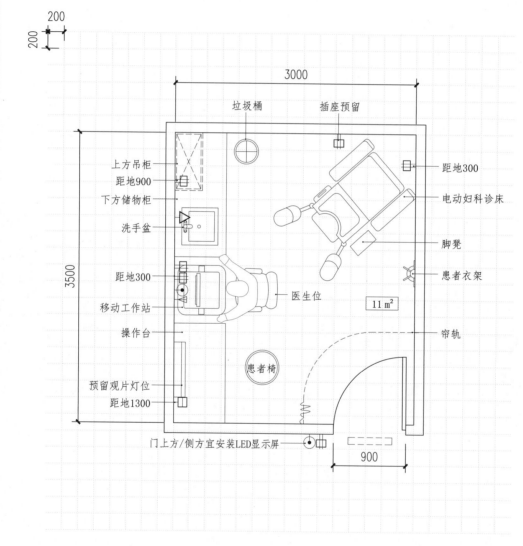

预约式妇科诊室平面布局图

图例： ⊟电源插座 ◯呼叫 ▷电话 ◉地漏

◁感应龙头 T电视 ⊡观片灯 ◉网络

空间类别	一般诊疗		房间编码	
	装备及环境			
房间名称	预约式妇科诊室		R1020302	

建筑要求		规格
净尺寸		开间×进深:3000×3500
		面积:11 m²,高度:不小于2.6 m
装修		墙地面材料应便于清扫、擦洗,不污染环境
		顶棚应采用吸声材料
门窗		门应设置非通视窗、U形门把手。窗户设置应保证自然采光和通风的需要
安全私密		需设置隔帘保护患者隐私

装备清单		数量	规格	备注
家具	边台吊柜	1	900×450×1850	下方储物柜,上方吊柜
	脚凳	1	200	不锈钢脚踏凳
	垃圾桶	1	300	直径
	诊椅	1	526×526	带靠背,可升降,可移动
	衣架	1	—	尺寸根据产品型号
	帘轨	1	—	L形
	洗手盆	1	500×450×800	防水板、纸巾盒、洗手液、镜子(可选)
	圆凳	1	380	直径
	操作台	1	700×1400	尺寸根据产品型号
设备	移动工作站	1	—	包括显示器、主机、打印机
	妇科检查床	1	—	宜安装一次性床垫卷筒纸
	观片灯	1	402×506×110	(单联)医用观片灯,功率60 W(参考)

机电要求		数量	规格	备注
医疗气体	氧气(O)	—	—	
	负压(V)	—	—	
	正压(A)	—	—	
弱电	网络接口	2	RJ45	
	电话接口	1	RJ11	或综合布线
	电视接口	—		
	呼叫接口	—		
强电	照明	—	照度:300 lx,色温:3300~5300 K,显色指数:不低于80	
	电插座	8	220 V,50 Hz	五孔
	接地	—		
给排水	上下水	1	安装混水器	洗手盆
	地漏			
暖通	湿度/%		30~60	
	温度/℃		冬季:20~24;夏季:23~26	机械排风
	净化		新风量满足要求(有外窗,过渡季可采用自然通风)	

10. 妇科诊室（双床）

空间类别	一般诊疗	房间编码
	空间及行为	
房间名称	妇科诊室（双床）	R1020304

说明： 妇科诊室适用于妇科、产科、计划生育科。医生在问诊区了解患者的病情，必要时进入检查区对患者进行检查，患者卧于妇科检查床上，医生对患者进行检查和取液、刮片等处置。室内环境应柔和舒适，房间内应设置隔帘以保护患者隐私。

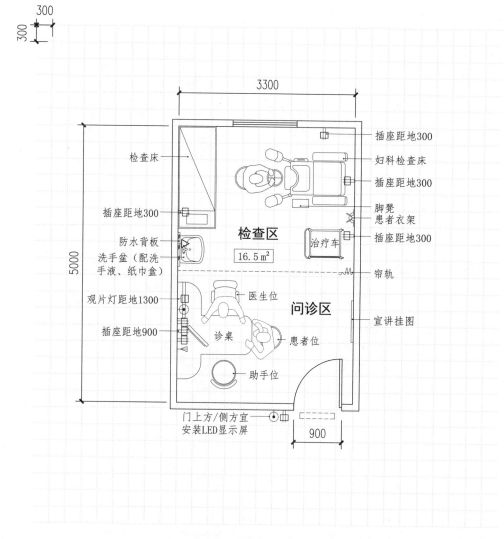

妇科诊室（双床）平面布局图

图例： ⊟电源插座 ⌒呼叫 ▷电话 ⊗地漏
◁感应龙头 T电视 ⊞观片灯 ⊙网络

空间类别	一般诊疗	房间编码	
	装备及环境		
房间名称	妇科诊室（双床）	R1020304	

建筑要求	规格
净尺寸	开间×进深：3300×5000 面积：16.5 m²，高度：不小于2.6 m
装修	墙地面材料应便于清扫、擦洗，不污染环境 顶棚应采用吸声材料
门窗	门应设置非通视窗、U形门把手。窗户设置应保证自然采光和通风的需要
安全私密	需设置隔帘保护患者隐私

装备清单		数量	规格	备注
家具	诊桌	1	700×1400	T形桌，宜圆角
	垃圾桶	1	300	直径
	诊椅	1	526×526	带靠背，可升降，可移动
	助手椅	1	380	直径，带靠背
	帘轨	1	3300	直线形
	洗手盆	1	500×450×800	防水板、纸巾盒、洗手液、镜子（可选）
	圆凳	2	380	直径
	治疗车	1	—	尺寸根据产品型号
	诊床	1	1850×700	宜安装一次性床垫卷筒纸
设备	妇科检查床	1	—	尺寸根据产品型号
	工作站	1	—	包括显示器、主机、打印机
	显示屏	1	—	尺寸根据产品型号
	观片灯	1	402×506×110	（单联）医用观片灯，功率60 W（参考）

机电要求		数量	规格	备注
医疗气体	氧气(O)	—	—	
	负压(V)	—	—	
	正压(A)	—	—	
弱电	网络接口	2	RJ45	
	电话接口	1	RJ11	或综合布线
	电视接口	—	—	
	呼叫接口	—	—	
强电	照明	—	照度：300 lx，色温：3300～5300 K，显色指数：不低于80	
	电插座	10	220 V，50 Hz	五孔
	接地	—	—	
给排水	上下水	1	安装混水器	洗手盆
	地漏	—		
暖通	湿度/%		30～60	
	温度/℃		冬季：20～24；夏季：23～26	机械排风
	净化		新风量满足要求（有外窗，过渡季可采用自然通风）	

11. 妇科体检诊室

空间类别	一般诊疗	房间编码
	空间及行为	
房间名称	妇科体检诊室	R1020313

说明：　在妇科体检诊室，医生对患者进行妇科内诊检查、取液、刮片等处置，并记录患者情况。室内色调应柔和，以减轻患者紧张感。房间需设置隔帘以保护患者隐私。

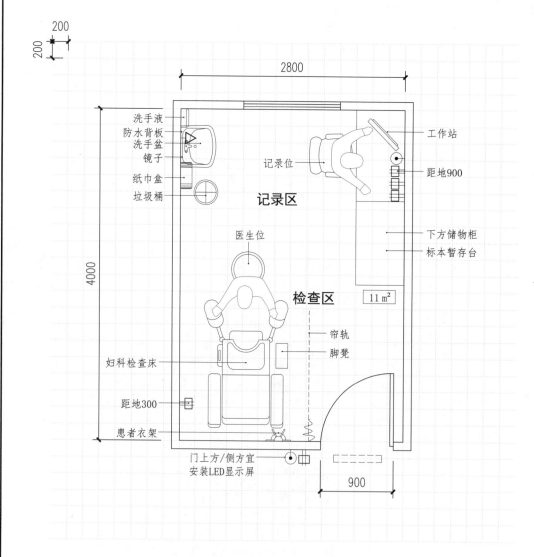

妇科体检诊室平面布局图

图例：　▭电源插座　⌒呼叫　▷电话　⊗地漏

　　　　◁感应龙头　T电视　▯观片灯　⊙网络

空间类别	一般诊疗	房间编码	
	装备及环境		
房间名称	妇科体检诊室	R1020313	

建筑要求	规格
净尺寸	开间×进深：2800×4000
	面积：11 m²，高度：不小于2.6 m
装修	墙地面材料应便于清扫、擦洗，不污染环境
	顶棚应采用吸声材料
门窗	—
安全私密	需设置隔帘保护患者隐私

装备清单		数量	规格	备注
家具	诊桌	1	700×1200	尺寸根据产品型号
	座椅	1	526×526	带靠背，可升降，可移动
	洗手盆	1	500×450×800	防水板、纸巾盒、洗手液、镜子（可选）
	垃圾桶	1	300	直径
	衣架	1	—	尺寸根据产品型号
	帘轨	1	1800	直线形
	圆凳	1	380	直径
设备	工作站	1	—	包括显示器、主机、打印机
	治疗车	1	—	尺寸根据产品型号
	妇科检查床	1	—	尺寸根据产品型号

机电要求		数量	规格	备注
医疗气体	氧气(O)	—	—	
	负压(V)	—	—	
	正压(A)	—	—	
弱电	网络接口	2	RJ45	
	电话接口	1	RJ11	或综合布线
	电视接口	—	—	
	呼叫接口	—	—	
强电	照明	—	照度：300 lx，色温：3300～5300 K，显色指数：不低于80	
	电插座	6	220 V，50 Hz	五孔
	接地	—	—	
给排水	上下水	1	安装混水器	洗手盆
	地漏	—	—	
暖通	湿度/%		30～60	
	温度/℃		18～26	宜优先采用自然通风
	净化		—	

12. 儿科诊室（小儿）

空间类别	一般诊疗	房间编码
	空间及行为	
房间名称	儿科诊室（小儿）	R1020502

说明： 儿科诊室是医生进行问诊、检查、诊断并完成诊查记录的场所。针对较小幼儿的诊查，应设置软面打包台面，便于医生就近检查。房间墙面可设置彩色图形、卡通动画形象用于引导缓解患儿紧张情绪。通常需要一名家长陪同，陪伴并介绍患儿病情。

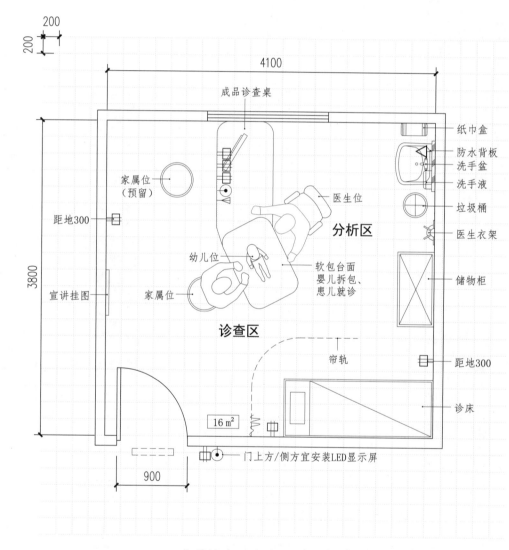

儿科诊室（小儿）平面布局图

图例： ⊟电源插座　⌒呼叫　▷电话　◎地漏
◁感应龙头　T电视　□观片灯　⊙网络

空间类别	一般诊疗 装备及环境	房间编码
房间名称	儿科诊室（小儿）	R1020502

建筑要求	规格
净尺寸	开间×进深：4100×3800 面积：16 m²，高度：不小于2.6 m
装修	墙地面材料应便于清扫、擦洗，不污染环境 顶棚应采用吸声材料
门窗	门应设置非通视窗、U形门把手。窗户设置应保证自然采光和通风的需要
安全私密	需设置隔帘保护患者隐私

装备清单		数量	规格	备注
家具	诊桌	1	—	带软包
	诊椅	1	526×526	带靠背，可升降，可移动
	储物柜	1	900×450×1850	尺寸根据产品型号
	诊床	1	1850×700	宜安装一次性床垫卷筒纸
	衣架	1	—	尺寸根据产品型号
	帘轨	1	—	L形
	洗手盆	1	500×450×800	防水板、纸巾盒、洗手液、镜子（可选）
	垃圾桶	1	300	直径
	圆凳	2	380	直径
设备	工作站	1	—	包括显示器、主机、打印机
	显示屏	1	—	尺寸根据产品型号

机电要求		数量	规格	备注
医疗气体	氧气(O)	—	—	
	负压(V)	—	—	
	正压(A)	—	—	
弱电	网络接口	2	RJ45	
	电话接口	1	RJ11	或综合布线
	电视接口	—		
	呼叫接口	—		
强电	照明	—	照度：300 lx，色温：3300～5300 K，显色指数：不低于80	
	电插座	7	220 V，50 Hz	五孔
	接地	—		
给排水	上下水	1	安装混水器	洗手盆
	地漏	—		
暖通	湿度/%		30～60	
	温度/℃		冬季：20～24；夏季：23～26	机械排风
	净化		新风量满足要求（有外窗，过渡季可采用自然通风）	

13. 儿童智力筛查室

空间类别	一般诊疗	房间编码
	空间及行为	
房间名称	儿童智力筛查室	R1020505

说明：儿童智力筛查，也称为智力残疾筛查，包含交流能力、运动能力、语言能力、精细动作能力等测试。使用标准化发育筛查量表，包括小儿智能发育筛查量表（DDST）或0～6岁儿童发育筛查量表（DST）、盖塞尔（Gesell）发展诊断量表等工具。房间内应设置测查桌子、椅子、测查床、小楼梯、测试设备等，环境需相对安静，四壁不进行过度装饰，避免分散儿童注意力。

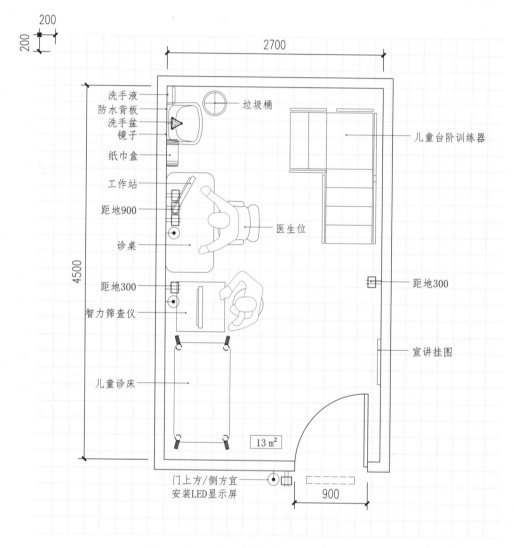

儿童智力筛查室平面布局图

图例：▭电源插座　◠呼叫　▷电话　⊗地漏
　　　◁感应龙头　Ｔ电视　▱观片灯　⊙网络

空间类别	一般诊疗 装备及环境	房间编码
房间名称	儿童智力筛查室	R1020505

建筑要求	规格
净尺寸	开间×进深:2700×4500 面积:13 m²,高度:不小于2.6 m
装修	墙地面材料应便于清扫、擦洗,不污染环境 顶棚应采用吸声材料
门窗	门应设置非通视窗、U形门把手。窗户设置应保证自然采光和通风的需要
安全私密	需相对安静、避免噪声影响

装备清单		数量	规格	备注
家具	诊桌	1	700×1400	宜圆角
	诊椅	1	526×526	带靠背,可升降,可移动
	儿童诊床	1	—	尺寸根据产品型号
	洗手盆	1	500×450×800	防水板、纸巾盒、洗手液、镜子(可选)
	垃圾桶	1	300	直径
设备	工作站	1	600×500×950	包括显示器、主机、打印机
	显示屏	1	—	尺寸根据产品型号
	智力筛查仪	1	—	尺寸根据产品型号

机电要求		数量	规格	备注
医疗气体	氧气(O)	—	—	
	负压(V)	—	—	
	正压(A)	—	—	
弱电	网络接口	3	RJ45	
	电话接口	—	RJ11	或综合布线
	电视接口	—	—	
	呼叫接口	—	—	
强电	照明	—	照度:300 lx,色温:3300～5300 K,显色指数:不低于80	
	电插座	7	220 V,50 Hz	五孔
	接地	—	—	
给排水	上下水	1	安装混水器	洗手盆
	地漏	—	—	
暖通	湿度/%		30～60	
	温度/℃		18～26	宜优先采用自然通风
	净化		—	

14. 生长发育测量室

空间类别	一般诊疗	房间编码
	空间及行为	
房间名称	生长发育测量室	R1020506

说明： 生长发育测量室是对儿童的身高体重、智能发展水平、行为能力等进行评测的场所。检测能够了解儿童身体与智力的发育程度。检查中量取儿童身高、体重、头围、胸围并称重，通常3岁以下儿童需卧姿测量。

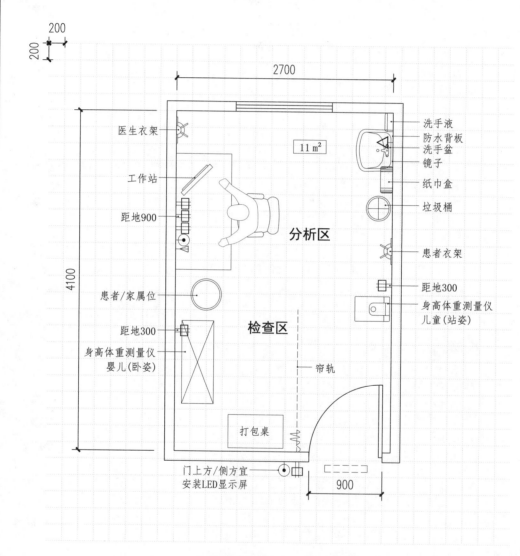

生长发育测量室平面布局图

图例： ⊟电源插座 ⊖呼叫 ▷电话 ⊗地漏
◁感应龙头 Ⅰ电视 □观片灯 ⊙网络

空间类别	一般诊疗	房间编码
	装备及环境	
房间名称	生长发育测量室	R1020506

建筑要求	规格
净尺寸	开间×进深:2700×4100 面积:11 m²,高度:不小于2.6 m
装修	墙地面材料应便于清扫、擦洗,不污染环境 顶棚应采用吸声材料
门窗	门应设置非通视窗、U形门把手。窗户设置应保证自然采光和通风的需要
安全私密	需设置隔帘保护患者隐私

装备清单		数量	规格	备注
家具	诊桌	1	700×1400	宜圆角
	诊椅	1	526×526	带靠背,可升降,可移动
	衣架	2	—	尺寸根据产品型号
	打包桌	1	—	尺寸根据产品型号
	帘轨	1	1800	直线形
	洗手盆	1	500×450×800	防水板、纸巾盒、洗手液、镜子(可选)
	垃圾桶	1	300	直径
设备	工作站	1	—	包括显示器、主机、打印机
	显示屏	1	—	尺寸根据产品型号
	身高体重 测量仪	1	—	儿童站姿测量
		1	—	婴儿卧姿测量

机电要求		数量	规格	备注
医疗气体	氧气(O)	—	—	
	负压(V)	—	—	
	正压(A)	—	—	
弱电	网络接口	2	RJ45	
	电话接口	1	RJ11	或综合布线
	电视接口	—	—	
	呼叫接口	—	—	
强电	照明	—	照度:300 lx,色温:3300~5300 K,显色指数:不低于80	
	电插座	7	220 V,50 Hz	五孔
	接地			
给排水	上下水	1	安装混水器	洗手盆
	地漏	—		
暖通	湿度/%		30~60	
	温度/℃		冬季:20~24;夏季:23~26	机械排风
	净化		新风量满足要求(有外窗,过渡季可采用自然通风)	

15. 儿童体质监测室

空间类别	一般诊疗	房间编码	
	空间及行为		
房间名称	儿童体质监测室	R1020509	

说明： 儿童体质监测室是儿科门诊对儿童体质进行监测的场所，主要测试指标包括身高、体重等身体形态指标，以及速度灵敏素质、力量素质、柔韧素质、平衡能力等身体素质指标。通过检测，监测中心可以基本了解孩子在体质方面存在什么问题，可根据孩子体质检测结果，给出有针对性的体育锻炼方案。

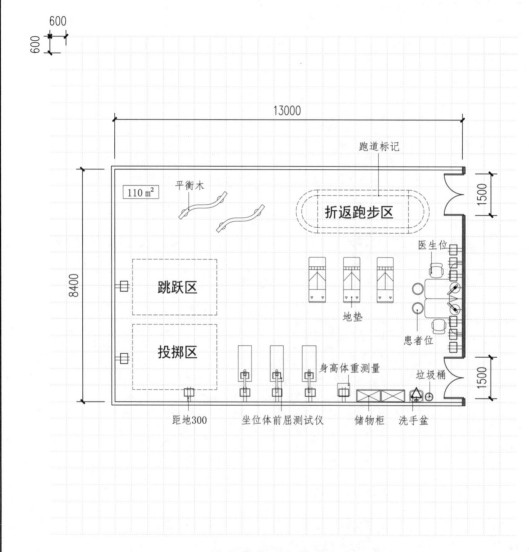

儿童体质监测室平面布局图

图例： ⊟电源插座 ◯呼叫 ▷电话 ⊗地漏

◁感应龙头 T电视 □观片灯 ◉网络

空间类别	一般诊疗	房间编码	
	装备及环境		
房间名称	儿童体质监测室	R1020509	

建筑要求	规格
净尺寸	开间×进深:8400×13000 面积:110 m²,高度:不小于2.6 m
装修	墙地面材料应便于清扫、擦洗,不污染环境 顶棚应采用吸声材料
门窗	—
安全私密	—

装备清单		数量	规格	备注
家具	办公桌	2	1200×700×760	L形桌,宜圆角
	洗手盆	1	871×485×665	立柱洗手盆
	垃圾桶	1	300	直径
	座椅	2	526×526	带靠背,可调节
	储物柜	2	900×450×1850	尺寸根据产品型号
	圆凳	2	380	直径
设备	工作站	1	600×500×950	包括显示器、主机、打印机
	平衡木	2	—	尺寸根据产品型号
	测试仪	3	—	尺寸根据产品型号
	身高体重秤	1	—	尺寸根据产品型号
	地垫	1	—	尺寸根据产品型号

机电要求		数量	规格	备注
医疗气体	氧气(O)	—	—	
	负压(V)	—	—	
	正压(A)	—	—	
弱电	网络接口	2	RJ45	
	电话接口	1	RJ11	或综合布线
	电视接口	—	—	
	呼叫接口	—	—	
强电	照明	—	照度:300 lx,色温:3300~5300 K,显色指数:不低于80	
	电插座	14	220 V,50 Hz	五孔
	接地	—	—	
给排水	上下水	1	安装混水器	洗手盆
	地漏	—	—	
暖通	湿度/%		30~60	
	温度/℃		18~26	宜优先采用自然通风
	净化		—	

16. 体格发育监测室

空间类别	一般诊疗	房间编码
	空间及行为	
房间名称	体格发育监测室	R1020521

说明： 体格发育监测室是为体格发育迟缓的婴儿、儿童提供保健服务、评估检测、诊断和干预指导的功能用房。

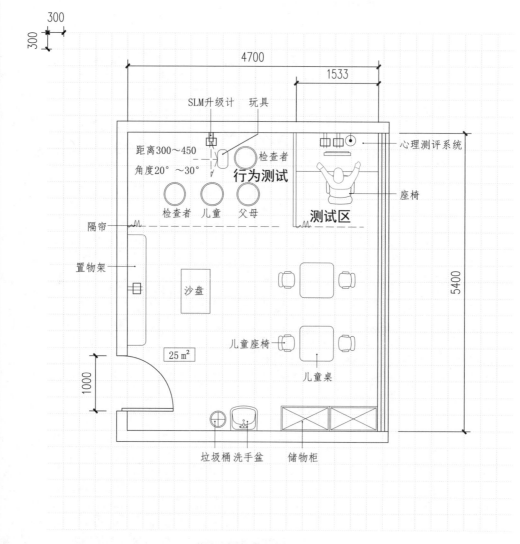

体格发育监测室平面布局图

图例： ⊟电源插座 ⌒呼叫 ▷电话 ◈地漏

◁感应龙头 Ⓣ电视 □观片灯 ⊙网络

空间类别	一般诊疗 装备及环境	房间编码	
房间名称	体格发育监测室	R1020521	

建筑要求	规格
净尺寸	开间×进深:4700×5400 面积:25 m²,高度:不小于2.6 m
装修	墙地面材料应便于清扫、擦洗,不污染环境 顶棚应采用吸声材料
门窗	—
安全私密	需设置隔帘保护患者隐私

装备清单		数量	规格	备注
家具	置物架	1	—	尺寸根据产品型号
	沙盘	1	—	尺寸根据产品型号
	座椅	1	526×526	带靠背,可升降,可移动
	儿童座椅	4	—	固定靠背
	垃圾桶	1	300	直径
	洗手盆	1	500×450×800	防水板、纸巾盒、洗手液、镜子(可选)
	圆凳	4	380	直径
设备	工作站	1	600×500×950	包括显示器、主机、打印机
	心理测试	1	—	尺寸根据产品型号
	行为测试	1	—	尺寸根据产品型号

机电要求		数量	规格	备注
医疗 气体	氧气(O)	—	—	
	负压(V)	—	—	
	正压(A)	—	—	
弱电	网络接口	1	RJ45	
	电话接口	—	RJ11	或综合布线
	电视接口	—	—	
	呼叫接口	—	—	
强电	照明	—	照度:300 lx,色温:3300～5300 K,显色指数:不低于80	
	电插座	5	220 V,50 Hz	五孔
	接地	—	—	
给排水	上下水	1	安装混水器	洗手盆
	地漏	—		
暖通	湿度/%		30～60	
	温度/℃		18～26	宜优先采用自然通风
	净化		—	

17. 吞咽评估治疗室

空间类别	一般诊疗	房间编码
	空间及行为	
房间名称	吞咽评估治疗室	R1020702

说明： 主要用于有吞咽障碍的患者的治疗。一般采取康复训练、物理因子治疗、针灸治疗、替代进食和手术治疗。

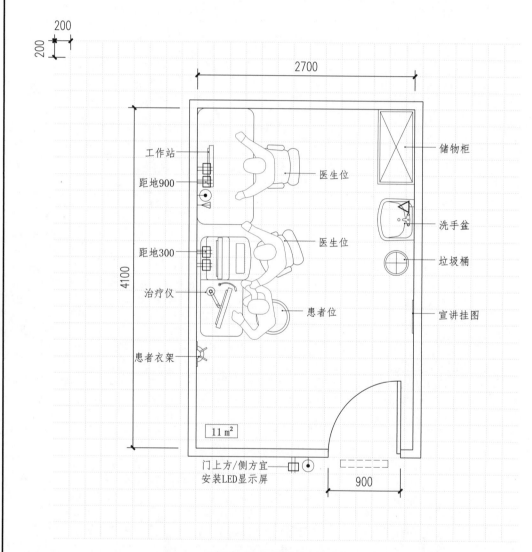

吞咽评估治疗室平面布局图

图例： ⊞电源插座　⌒呼叫　▷电话　⊗地漏
◁感应龙头　T电视　□观片灯　◉网络

空间类别	一般诊疗	房间编码
	装备及环境	
房间名称	吞咽评估治疗室	R1020702

建筑要求	规格
净尺寸	开间×进深:2700×4100
	面积:11 m², 高度:不小于2.6 m
装修	墙地面材料应便于清扫、擦洗,不污染环境
	顶棚应采用吸声材料
门窗	窗户设置应保证自然采光和通风
安全私密	—

装备清单		数量	规格	备注
家具	办公桌	1	700×1400	标准办公桌,宜圆角
	垃圾桶	1	300	直径
	诊椅	2	526×526	带靠背,可升降,可移动
	衣架	1	—	尺寸根据产品型号
	洗手盆	1	500×450×800	防水板、纸巾盒、洗手液、镜子(可选)
	圆凳	1	380	直径
	储物柜	1	900×400×1850	尺寸根据产品型号
设备	工作站	1	600×500×950	包括显示器、主机、打印机
	治疗仪	1	390×370×120	吞咽障碍治疗仪
	显示屏	1	460×290×44	叫号及信息显示一体机

机电要求		数量	规格	备注
医疗气体	氧气(O)	—	—	
	负压(V)	—	—	
	正压(A)	—	—	
弱电	网络接口	2	RJ45	
	电话接口	1	RJ11	或综合布线
	电视接口	—		
	呼叫接口	—		
强电	照明	—	照度:300 lx, 色温:3300～5300 K, 显色指数:不低于80	
	电插座	6	220 V, 50 Hz	五孔
	接地	—		
给排水	上下水	1	安装混水器	洗手盆
	地漏	—		
暖通	湿度/%		30～60	
	温度/℃		18～26	宜优先采用自然通风
	净化		—	

18. 步态功能评估室

空间类别	一般诊疗	房间编码
	空间及行为	
房间名称	步态功能评估室	R1020703

说明：　主要用于检测神经中枢指导身体四肢运动的情况，患者在步态运动的区域运动时，通过计算机采集一系列数据，并以此作为评估依据。

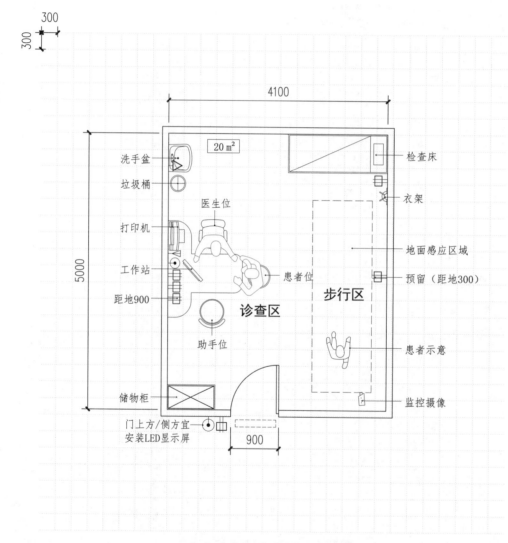

步态功能评估室平面布局图

图例：⊟-电源插座　◯-呼叫　▷-电话　◎-地漏

◁-感应龙头　T-电视　▯-观片灯　⊙-网络

空间类别	一般诊疗 装备及环境	房间编码
房间名称	步态功能评估室	R1020703

建筑要求	规格
净尺寸	开间×进深:4100×5000 面积:20 m²,高度:不小于2.6 m
装修	墙地面材料应便于清扫、擦洗,不污染环境 顶棚应采用吸声材料
门窗	—
安全私密	—

装备清单		数量	规格	备注
家具	诊桌	1	700×1400	T形桌,宜圆角
	诊床	1	1850×700	宜安装一次性床垫卷筒纸
	垃圾桶	1	300	直径
	诊椅	1	526×526	带靠背,可升降,可移动
	衣架	1	—	尺寸根据产品型号
	洗手盆	1	500×450×800	防水板、纸巾盒、洗手液、镜子（可选）
	圆凳	2	380	直径
	储物柜	1	900×450×1850	尺寸根据产品型号
	助手椅	1	380	直径,带靠背
设备	工作站	1	600×500×950	包括显示器、主机、打印机
	打印机	1	900×400×298	激光打印机
	监控	1	—	尺寸根据产品型号

机电要求		数量	规格	备注
医疗气体	氧气(O)	—	—	
	负压(V)	—	—	
	正压(A)	—	—	
弱电	网络接口	2	RJ45	
	电话接口	1	RJ11	或综合布线
	电视接口	—	—	
	呼叫接口	—	—	
强电	照明	—	照度:300 lx,色温:3300~5300 K,显色指数:不低于80	
	电插座	7	220 V,50 Hz	五孔
	接地	—		
给排水	上下水	1	安装混水器	洗手盆
	地漏	—		
暖通	湿度/%		30~60	
	温度/℃		18~26	宜优先采用自然通风
	净化		—	

19. 儿童营养诊室

空间类别	一般诊疗	房间编码
	空间及行为	
房间名称	儿童营养诊室	R1030301

说明： 儿童营养诊室供医生对患儿进行检查并结合相关检查结果做出诊断，给营养不良的患儿提供相关治疗指导意见，一般是药物治疗和饮食调养。

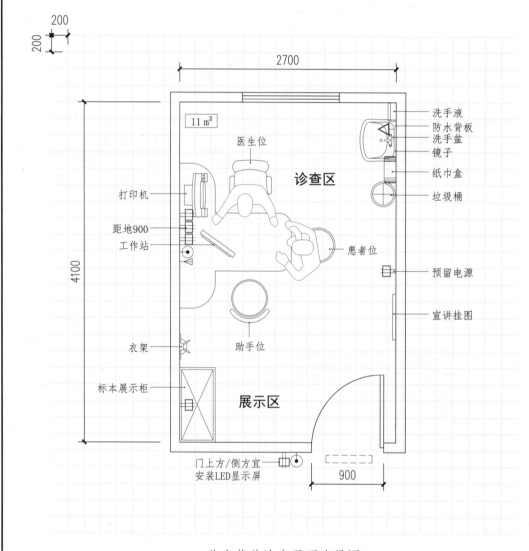

儿童营养诊室平面布局图

图例：⊟电源插座 ⌒呼叫 ▷电话 ⊗地漏

◁感应龙头 T电视 □观片灯 ⊙网络

空间类别	一般诊疗	房间编码	
	装备及环境		
房间名称	儿童营养诊室	R1030301	

建筑要求	规格
净尺寸	开间×进深:2700×4100 面积:11 m²,高度:不小于2.6 m
装修	墙地面材料应便于清扫、擦洗,不污染环境 顶棚应采用吸声材料
门窗	门应设置非通视窗、U形门把手。窗户设置应保证自然采光和通风的需要
安全私密	—

装备清单		数量	规格	备注
家具	诊桌	1	700×1400	L形桌,宜圆角
	垃圾桶	1	300	直径
	诊椅	2	526×526	带靠背,可升降,可移动
	洗手盆	1	500×450×800	防水板、纸巾盒、洗手液、镜子(可选)
	圆凳	1	380	直径
	标本展示柜	1	—	尺寸根据产品型号
	衣架	1	—	尺寸根据产品型号
设备	工作站	1	—	包括显示器、主机、打印机
	显示屏	1	—	尺寸根据产品型号

机电要求		数量	规格	备注
医疗气体	氧气(O)	—	—	
	负压(V)	—	—	
	正压(A)	—	—	
弱电	网络接口	2	RJ45	
	电话接口	1	RJ11	或综合布线
	电视接口	—	—	
	呼叫接口	—	—	
强电	照明	—	照度:300 lx,色温:3300~5300 K,显色指数:不低于80
	电插座	7	220 V,50 Hz	五孔
	接地			
给排水	上下水	1	安装混水器	洗手盆
	地漏	—	—	
暖通	湿度/%		30~60	
	温度/℃		冬季:20~24;夏季:23~26	机械排风
	净化		新风量满足要求(有外窗,过渡季可采用自然通风)	

20. 普通病房（单人）

空间类别	一般诊疗	房间编码
	空间及行为	
房间名称	普通病房（单人）	R1110104

说明：　单人间病房内分为护理区和陪护区。病房内均设置独立的卫浴和基本的配套家
具，应包括壁橱（储物和悬挂衣物）、床头柜、陪床沙发。

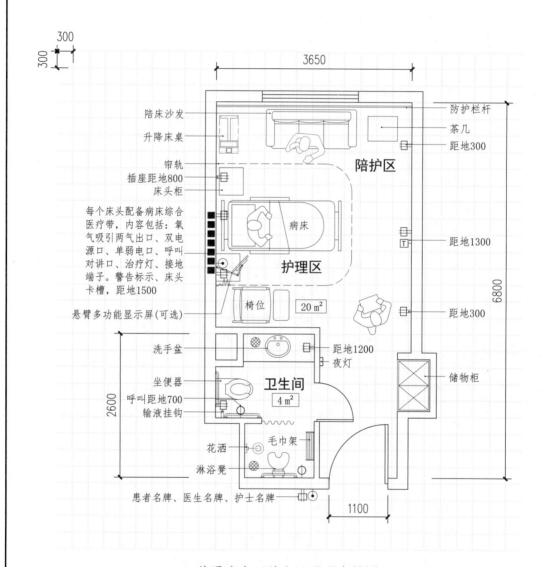

普通病房（单人）平面布局图

图例：⊟电源插座　⟜呼叫　▷电话　※地漏

　　　◁感应龙头　T电视　□观片灯　●网络

空间类别	一般诊疗	房间编码	
	装备及环境		
房间名称	普通病房（单人）	R1110104	

建筑要求	规格
净尺寸	开间×进深：3650×6800
	面积：24 m²，高度：不小于2.8 m
装修	墙地面材料应便于清扫、擦洗，不污染环境
	顶棚应采用吸声材料
门窗	门应设置非通视窗、U形门把手。窗户设置应保证自然采光和通风的需要
安全私密	需设置隔帘保护患者隐私

装备清单		数量	规格	备注
家具	陪床沙发	1	700×1800	尺寸根据产品型号
	病床	1	900×2100	尺寸根据产品型号（含升降桌）
	储物柜	2	—	
	床头柜	2	500×500×700	宜圆角
	陪床椅	1	—	
	帘轨	1	—	U形
	输液吊轨	1	—	U形
设备	医疗带	1		尺寸根据产品型号
	悬臂显示屏	1		尺寸根据产品型号

机电要求		数量	规格	备注
医疗气体	氧气(O)	2	—	
	负压(V)	2	—	
	正压(A)	—	—	
弱电	网络接口	3	RJ45	
	电话接口	—	RJ11	或综合布线
	电视接口	1	—	
	呼叫接口	3	—	
强电	照明	—	照度：100 lx，色温：3300～5300 K，显色指数：不低于80	
	电插座	11	220 V，50 Hz	五孔
	接地	2	小于1Ω	设在卫生间、治疗带
给排水	上下水	3	安装混水器	洗手盆、坐便、淋浴
	地漏	2		
暖通	湿度/%		30～60	
	温度/℃		冬季：20～24；夏季：23～26	机械排风
	净化		新风量满足要求（有外窗，过渡季可采用自然通风）	

21. 监护岛型单床病房

空间类别	一般诊疗	房间编码
	空间及行为	
房间名称	监护岛型单床病房	R1110108

说明：　监护岛型单床病房内分为护理区和休息区。病房内均设置独立的卫浴，要求无障碍设计，洗浴盥洗间和卫生间彼此隔离。基本的配套家具应包括壁橱（储物和悬挂衣物）、床头柜。

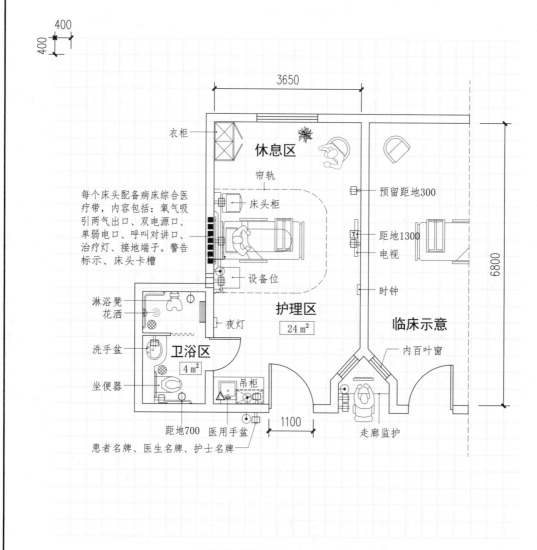

监护岛型单床病房平面布局图

图例：▯电源插座　⌒呼叫　▷电话　⊗地漏

◁感应龙头　T电视　▢观片灯　⊙网络

空间类别	一般诊疗 装备及环境	房间编码	
房间名称	监护岛型单床病房	R1110108	

建筑要求	规格
净尺寸	开间×进深:3650×6800 面积:28 m²,高度:不小于2.8 m
装修	墙地面材料应便于清扫、擦洗,不污染环境 顶棚应采用吸声材料
门窗	门应设置非通视窗、U形门把手。窗户设置应保证自然采光和通风的需要
安全私密	需设置隔帘保护患者隐私

装备清单		数量	规格	备注
家具	陪床椅	1	—	
	病床	1	900×2100	尺寸根据产品型号(含升降桌)
	衣柜	2	—	
	边柜	1	—	下方储物,上方为吊柜
	床头柜	1	450×600	
	监护椅	1	—	
	帘轨	1	—	U形
	输液轨	1	—	U形
	卫厕浴	1	—	洗手盆、淋浴、马桶
	洗手盆	1	—	
设备	医疗带	1	—	尺寸根据产品型号
	工作站	1	—	尺寸根据产品型号
	电视机	1	—	尺寸根据产品型号

机电要求		数量	规格	备注
医疗气体	氧气(O)	1	—	
	负压(V)	1	—	
	正压(A)	—	—	
弱电	网络接口	5	RJ45	
	电话接口	—	RJ11	或综合布线
	电视接口	1	—	
	呼叫接口	3	—	
强电	照明	—	照度:100 lx,色温:3300~5300 K,显色指数:不低于80	
	电插座	15	220 V,50 Hz	五孔
	接地	2	小于1Ω	设在卫生间、治疗带
给排水	上下水	4	安装混水器	洗手盆、坐便、淋浴
	地漏	2	—	
暖通	湿度/%		30~60	
	温度/℃		冬季:20~24;夏季:23~26	机械排风
	净化		新风量满足要求(有外窗,过渡季可采用自然通风)	

22. 骨髓移植层流病房

空间类别	一般诊疗	房间编码
	空间及行为	
房间名称	骨髓移植层流病房	R1120404

说　明：　层流病房主要用于治疗血液病、实体瘤、各种免疫性疾病的造血干细胞移植、重症再生障碍性贫血治疗、肿瘤放化疗或化学中毒等各种原因所致的中性粒细胞减少，治疗免疫缺陷病、急性放射病等。此类患者由于免疫功能低下，易导致感染或感染难以控制，严重者甚至危及生命，此时给患者提供无菌的全环境保护和无菌护理就显得非常重要，而层流病房恰可满足上述要求，显著降低患者感染、死亡风险。

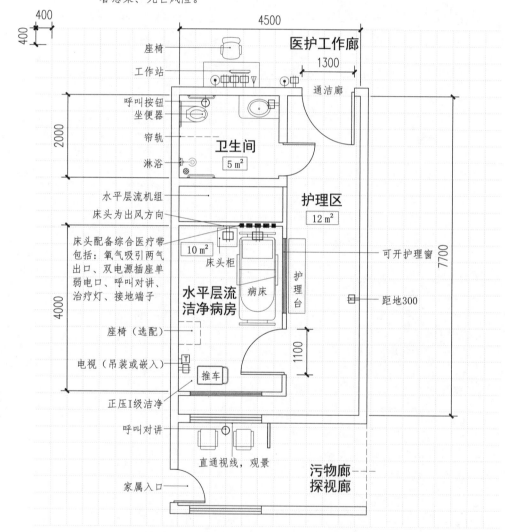

骨髓移植层流病房平面布局图

图例：⊟电源插座　◯呼叫　▷电话　⊗地漏

　　　◁感应龙头　Ｔ电视　▢观片灯　⊙网络

空间类别	一般诊疗 装备及环境		房间编码	
房间名称	骨髓移植层流病房		R1120404	

建筑要求	规格
净尺寸	开间×进深：4500×7700 面积：27 m²，高度：不小于2.8 m
装修	墙地面材料应便于清扫、擦洗，不污染环境 顶棚应采用吸声材料
门窗	门应设置非通视窗、U形门把手。窗户设置应保证自然采光和通风的需要
安全私密	—

装备清单		数量	规格	备注
家具	病床	1	900×2100	尺寸根据产品型号（含升降桌）
	床头柜	1	500×500×700	宜圆角
	输液吊轨	1	—	U形
	推车	1	—	尺寸根据产品型号
	坐便器	1	—	尺寸根据产品型号
	洗手盆	1	—	尺寸根据产品型号
	淋浴	1	—	尺寸根据产品型号
设备	医疗带	1	—	尺寸根据产品型号
	工作站	1	—	尺寸根据产品型号

机电要求		数量	规格	备注
医疗气体	氧气(O)	1	—	
	负压(V)	1	—	
	正压(A)	—	—	
弱电	网络接口	3	RJ45	
	电话接口	—	RJ11	或综合布线
	电视接口	1	—	
	呼叫接口	3	—	
强电	照明	—	照度：100 lx，色温：3300～5300 K，显色指数：不低于80	
	电插座	11	220 V，50 Hz	五孔
	接地	2	小于1Ω	设在卫生间、治疗带
给排水	上下水	3	安装混水器	洗手盆、坐便、淋浴
	地漏	1	—	
暖通	湿度/%		30～60	
	温度/℃		冬季：20～24；夏季：23～26	机械排风
	净化		新风量满足要求（有外窗，过渡季可采用自然通风）	

23. 核素病房（双人）

空间类别	一般诊疗	房间编码
	空间及行为	
房间名称	核素病房(双人)	R1120603

说明：核素病房（双人）是用于核医学科的特殊护理病房。患者注射药物后在一定时间内对周边有辐射，病房区应与医护辅助区分开设置，保护医护安全。活性期内患者排泄物也有辐射，坐便器排放管路需防辐射，汇流至衰变池。

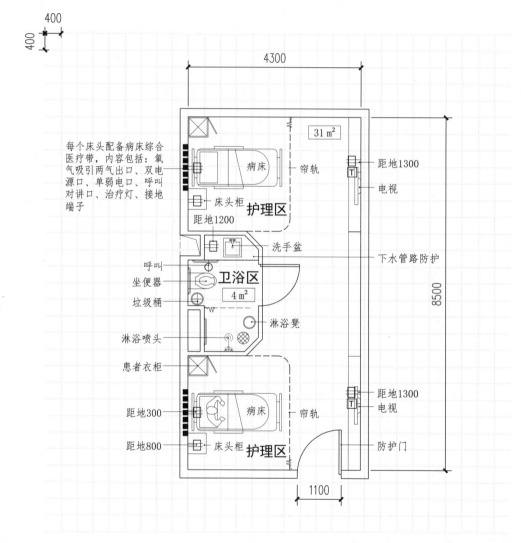

每个床头配备病床综合医疗带，内容包括：氧气吸引两气出口、双电源口、单弱电口、呼叫对讲口、治疗灯、接地端子

核素病房(双人)平面布局图

图例：⊟电源插座 ○呼叫 ▷电话 ⊗地漏
◁感应龙头 T电视 ⊡观片灯 ⊙网络

空间类别	一般诊疗 装备及环境	房间编码	
房间名称	核素病房（双人）	R1120603	

建筑要求	规格
净尺寸	开间×进深：8500×4300 面积：36 m²，高度：不小于2.6 m
装修	墙地面材料应便于清扫、擦洗，不污染环境 顶棚应采用吸声材料
门窗	—
安全私密	需设置隔帘保护患者隐私

装备清单		数量	规格	备注
家具	病床	2	—	尺寸根据产品型号
	帘轨	2	—	L形
	洗手盆	1	—	防水板、纸巾盒、洗手液、镜子（可选）
	垃圾桶	1	—	尺寸根据产品型号
	床头柜	2	—	尺寸根据产品型号
	坐便器	1	—	尺寸根据产品型号
	淋浴	1	—	尺寸根据产品型号
	圆凳	1	380	直径
	衣柜	2	—	尺寸根据产品型号
设备	治疗带	2	600×500×950	包括显示器、主机、打印机
	电视机	2	—	尺寸根据产品型号

机电要求		数量	规格	备注
医疗气体	氧气(O)	2	—	
	负压(V)	2	—	
	正压(A)	—	—	
弱电	网络接口	2	RJ45	
	电话接口	—	RJ11	或综合布线
	电视接口	2	—	
	呼叫接口	3	—	
强电	照明	—	照度：300 lx，色温：3300～5300 K，显色指数：不低于80	
	电插座	11	220 V，50 Hz	五孔
	接地	2	—	治疗带
给排水	上下水	3	安装混水器	洗手盆、坐便器、淋浴
	地漏	—		
暖通	湿度/%		30～60	
	温度/℃		18～26	宜优先采用自然通风
	净化		—	

24. 单人隔离病房

空间类别	一般诊疗	房间编码
	空间及行为	
房间名称	单人隔离病房	R1120705

说明：　单人隔离病房用于收治发热待查、呼吸道感染、尿路感染、皮肤软组织感染等
患者。房间内布置旨在着重保护医护工作人员和防止患者之间交叉感染，病房
需设独立通道，且医护进入过渡区需要更换防护服。

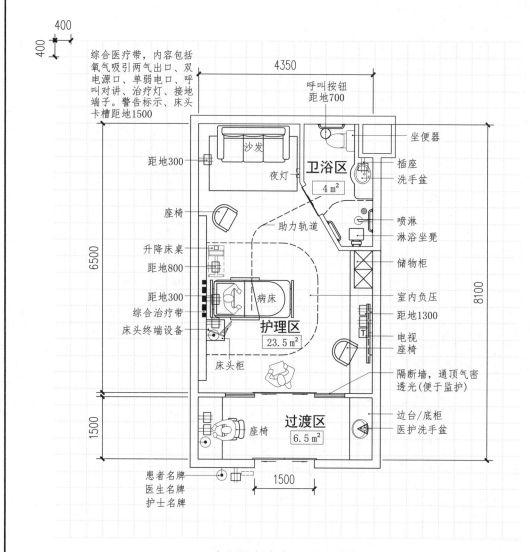

单人隔离病房平面布局图

图例：⊟电源插座　○呼叫　▷电话　◉地漏
◁感应龙头　T电视　□观片灯　◉网络

空间类别	一般诊疗	房间编码	
	装备及环境		
房间名称	单人隔离病房	R1120705	

建筑要求	规格
净尺寸	开间×进深:4350×8100
	面积:34 m²,高度:不小于2.8 m
装修	墙地面材料应便于清扫、擦洗,不污染环境
	顶棚应采用吸声材料
门窗	门应设置非通视窗、U形门把手。窗户设置应保证自然采光和通风的需要
安全私密	需设置隔帘保护病患隐私,房间如果为落地窗,应设置安全栏杆保护医患安全

装备清单		数量	规格	备注
家具	床头柜	1	500×500×700	尺寸根据产品型号
	输液轨	1	—	尺寸根据产品型号
	沙发	1	—	尺寸根据产品型号
	写字台	1	—	尺寸根据产品型号
	卫厕浴	1	—	洗手盆、坐便器、淋浴
	座椅	3	—	尺寸根据产品型号
设备	电视	1	—	尺寸根据产品型号
	病床	1	—	尺寸根据产品型号
	医疗带	1	—	尺寸根据产品型号

机电要求		数量	规格	备注
医疗气体	氧气(O)	1	—	
	负压(V)	1	—	
	正压(A)	—	—	
弱电	网络接口	5	RJ45	
	电话接口	1	RJ11	或综合布线
	电视接口	1	—	
	呼叫接口	2	—	
强电	照明	—	照度:300 lx,色温:3300~5300 K,显色指数:不低于80	
	电插座	16	220 V,50 Hz	五孔
	接地	2	—	
给排水	上下水	5	安装混水器	洗手盆、坐便器、淋浴
	地漏	1	—	
暖通	湿度/%		40~45	
	温度/℃		18~26	负压区域,设置机械排风系统
	净化		—	需采用一定的消毒方式

25. 核医学单人候诊室

空间类别	一般诊疗	房间编码
	空间及行为	
房间名称	核医学单人候诊室	R1210108

说明： 核医学单人候诊室用于患者注射或服用核素药品后独立候诊。需设置播放媒体视频宣教的电视机、洗手盆、卫生间等设施。房间需满足放射防护条件，其中含核素排水需单独收集至核素衰变池。

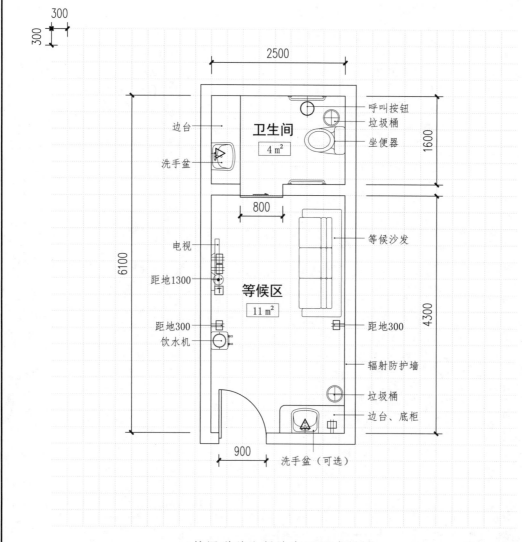

核医学单人候诊室平面布局图

图例： □电源插座　○呼叫　▷电话　◎地漏
　　　　◁感应龙头　丁电视　□观片灯　⊙网络

空间类别	一般诊疗 装备及环境	房间编码
房间名称	核医学单人候诊室	R1210108

建筑要求	规格
净尺寸	开间×进深：2500×6100 面积：15 m²，高度：不小于2.6 m
装修	墙地面材料应便于清扫、擦洗，不污染环境 顶棚应采用吸声材料
门窗	—
安全私密	房间墙面、地面、顶棚、门窗需辐射防护，卫生间排水需汇入衰变池

装备清单		数量	规格	备注
家具	三人沙发	1	—	尺寸根据产品型号
	洗手盆	2	—	尺寸根据产品型号
	垃圾桶	2	—	尺寸根据产品型号
	坐便器	1	—	尺寸根据产品型号
	边台	1	—	尺寸根据产品型号
设备	电视机	1	—	尺寸根据产品型号
	饮水机	1	—	尺寸根据产品型号

机电要求		数量	规格	备注
医疗气体	氧气(O)	—	—	
	负压(V)	—	—	
	正压(A)	—	—	
弱电	网络接口	1	RJ45	
	电话接口	—	RJ11	或综合布线
	电视接口	1	—	
	呼叫接口	1	—	
强电	照明	—	照度：300 lx，色温：3300～5300 K，显色指数：不低于80	
	电插座	7	220 V，50 Hz	五孔
	接地	—	—	
给排水	上下水	3	安装混水器	洗手盆
	地漏	—	—	
暖通	湿度/%		30～60	
	温度/℃		18～26	宜优先采用自然通风
	净化		—	

26. 结构化教室

空间类别	一般诊疗	房间编码
	空间及行为	
房间名称	结构化教室	R1220108

说明： 结构化教学法(TEACCH)，即"孤独症和相关交流障碍儿童的治疗和教育"，是针对孤独症和相关交流障碍儿童的一套教育和训练方法。指导者安排有组织、有系统的学习环境，并尽量利用视觉提示，通过个别化学习计划，帮助自闭症儿童建立良好的行为习惯，培养他们独立生活的能力，以便融入集体和社会。

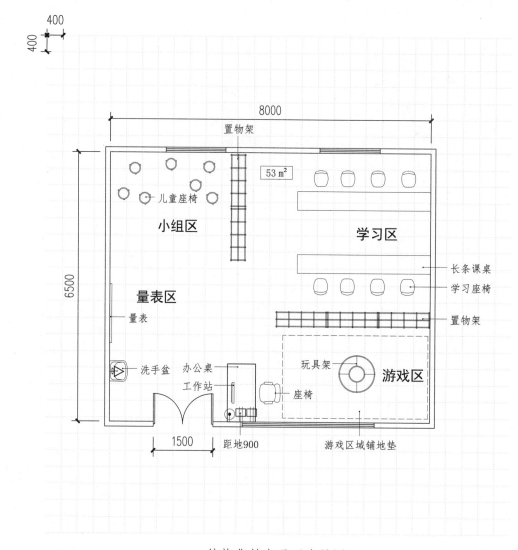

结构化教室平面布局图

图例： ⊟电源插座　⌒呼叫　▷电话　⊗地漏
◁感应龙头　T电视　□▷观片灯　⦿网络

空间类别	一般诊疗	房间编码	
	装备及环境		
房间名称	结构化教室	R1220108	

建筑要求	规格
净尺寸	开间×进深:8000×6500
	面积:53 m²，高度:不小于2.6 m
装修	墙地面材料应便于清扫、擦洗，不污染环境
	顶棚应采用吸声材料
门窗	—
安全私密	—

装备清单		数量	规格	备注
家具	玩具架	1	—	尺寸根据产品型号
	长条桌椅	2	—	尺寸根据产品型号
	学习座椅	8	—	带靠背
	置物架	5	—	尺寸根据产品型号
	量表	1	—	尺寸根据产品型号
	座椅	1	—	尺寸根据产品型号
	儿童座椅	7	—	尺寸根据产品型号
	洗手盆	1	500×450×800	防水板、纸巾盒、洗手液、镜子（可选）
设备	工作站	1	600×500×950	包括显示器、主机、打印机

机电要求		数量	规格	备注
医疗气体	氧气(O)	—	—	
	负压(V)	—	—	
	正压(A)	—	—	
弱电	网络接口	1	RJ45	
	电话接口	—	RJ11	或综合布线
	电视接口	—	—	
	呼叫接口	—	—	
强电	照明	—	照度:300 lx，色温:3300～5300 K，显色指数:不低于80	
	电插座	3	220 V，50 Hz	五孔
	接地	—	—	
给排水	上下水	1	安装混水器	洗手盆
	地漏	—	—	
暖通	湿度/%		30～60	
	温度/℃		18～26	宜优先采用自然通风
	净化		—	

27. 患者活动室

空间类别	一般诊疗	房间编码
	空间及行为	
房间名称	患者活动室	R1230103

说明： 患者活动室是病房区患者活动、交流谈话、餐饮休息的场所。需设置活动区、营养站(餐饮)、报刊架、电视等家具设施。房间内设置长桌以满足餐饮、游戏、治疗功能，区域内需做无障碍设置。

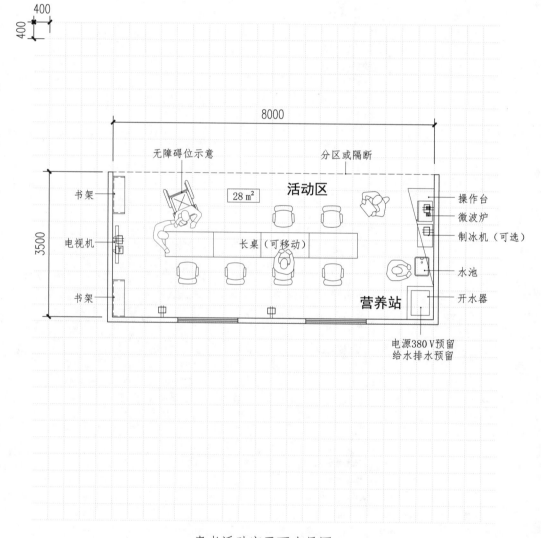

患者活动室平面布局图

图例： ⊟电源插座　∪呼叫　▷电话　⊗地漏
◁感应龙头　T电视　□观片灯　⊙网络

空间类别	一般诊疗 装备及环境	房间编码
房间名称	患者活动室	R1230103

建筑要求	规格
净尺寸	开间×进深:8000×3500 面积:28 m²,高度:不小于2.6 m
装修	墙地面材料应便于清扫、擦洗,不污染环境,防滑 顶棚应采用吸声材料
门窗	—
安全私密	—

装备清单		数量	规格	备注
家具	长桌	4	600×1200	尺寸根据产品型号
	座椅	7	—	尺寸根据产品型号
	报刊架	2	—	尺寸根据产品型号
	水池	1	—	尺寸根据产品型号
	操作台	1	—	尺寸根据产品型号
设备	开水器	1	—	尺寸根据产品型号
	电视机	1	—	尺寸根据产品型号

机电要求		数量	规格	备注
医疗气体	氧气(O)	—	—	
	负压(V)	—	—	
	正压(A)	—	—	
弱电	网络接口	—	RJ45	
	电话接口	—	RJ11	或综合布线
	电视接口	1	—	
	呼叫接口	—	—	
强电	照明	—	照度:300 lx,色温:3300~5300 K,显色指数:不低于80	
	电插座	6	220 V,50 Hz	五孔
	接地	—	—	
给排水	上下水	1	安装混水器	洗手盆
	地漏	—	—	
暖通	湿度/%		30~60	
	温度/℃		18~26	宜优先采用自然通风
	净化		—	

28. 儿童活动室（含宣讲）

空间类别	一般诊疗	房间编码
	空间及行为	
房间名称	儿童活动室(含宣讲)	R1230203

说明： 儿童活动室一般设置在儿科候诊区附近，为候诊期间的儿童患者提供游戏、活动的场所。可以吸引患儿注意力，减轻患儿家属候诊压力。活动区设置单出入口便于安全管理，并设置监控。外围设置沙发供家长休息和看护幼儿。室内应保证良好的通风，根据需要可采取一定的空气消毒措施。

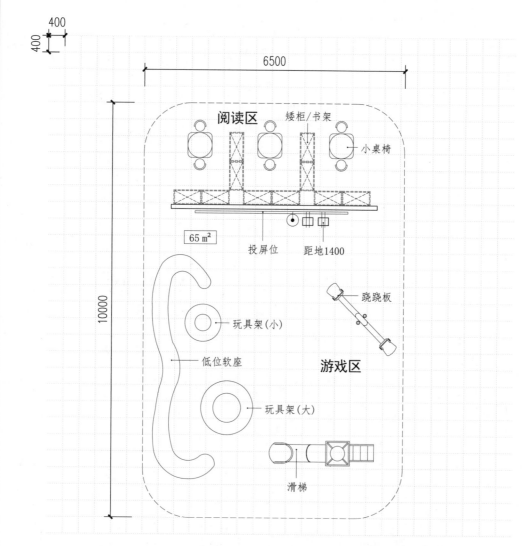

儿童活动室（含宣讲）平面布局图

图例：⊟电源插座 ⊖呼叫 ▷电话 ⊗地漏
⊲感应龙头 Ⓣ电视 ▢观片灯 ⊙网络

空间类别	一般诊疗 装备及环境	房间编码	
房间名称	儿童活动室（含宣讲）	R1230203	

建筑要求	规格
净尺寸	开间×进深：10000×6500 面积：65 m²，高度：不小于2.6 m
装修	墙地面材料应便于清扫、擦洗，不污染环境 顶棚应采用吸声材料
门窗	—
安全私密	—

装备清单		数量	规格	备注
家具	矮柜	1	—	尺寸根据产品型号
	滑梯	1	—	尺寸根据产品型号
	跷跷板	1	—	尺寸根据产品型号
	小桌椅	3	—	尺寸根据产品型号
	玩具架	1	—	尺寸根据产品型号
	低位软座	1	—	尺寸根据产品型号
设备	投影设备	1	—	尺寸根据产品型号

机电要求		数量	规格	备注
医疗 气体	氧气(O)	—	—	
	负压(V)	—	—	
	正压(A)	—	—	
弱电	网络接口	1	RJ45	
	电话接口	—	RJ11	或综合布线
	电视接口	—	—	
	呼叫接口	—	—	
强电	照明	—	照度：300 lx，色温：3300～5300 K，显色指数：不低于80	
	电插座	2	220 V，50 Hz	五孔
	接地	—	—	
给排水	上下水	—	安装混水器	洗手盆
	地漏	—	—	
暖通	湿度/%		30～60	
	温度/℃		18～26	宜优先采用自然通风
	净化		—	

29. 小型哺乳室

空间类别	一般诊疗	房间编码
	空间及行为	
房间名称	小型哺乳室	R1250102

说明： 哺乳室是为母亲给婴儿哺乳、换尿布及临时休息提供的房间。相对较安静，布置温馨。应遵循以人为本的原则，色彩设计应与环境协调，宜采用温馨柔和的色彩。哺乳室应设置哺乳区、婴儿护理区，多人间宜单独设置哺乳小间。

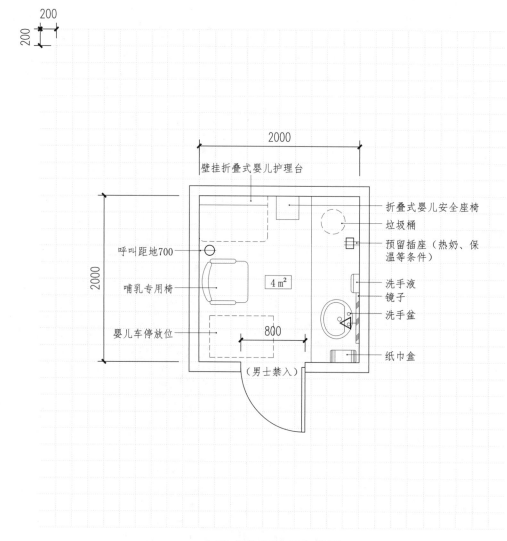

小型哺乳室平面布局图

图例： ▯电源插座　◯呼叫　▷电话　◎地漏
◁感应龙头　Ⓣ电视　▢观片灯　◉网络

空间类别	一般诊疗 装备及环境	房间编码	
房间名称	小型哺乳室	R1250102	

建筑要求	规格
净尺寸	开间×进深:2000×2000 面积:4 m²,高度:不小于2.6 m
装修	墙地面材料应便于清扫、擦洗,不污染环境 顶棚应采用吸声材料
门窗	门可在内部反锁,应急时需可在外部打开
安全私密	—

装备清单		数量	规格	备注
家具	座椅	1	—	
	婴儿护理台	1	—	壁挂折叠式
	婴儿安全椅	1	—	尺寸根据产品型号
	垃圾桶	1	300	直径
	洗手盆	1	—	防水板、纸巾盒、洗手液、镜子(可选)
	边台	1	—	尺寸根据产品型号
设备				

机电要求		数量	规格	备注
医疗气体	氧气(O)	—	—	
	负压(V)	—	—	
	正压(A)	—	—	
弱电	网络接口	—	RJ45	
	电话接口	—	RJ11	或综合布线
	电视接口	—	—	
	呼叫接口	1	—	
强电	照明	—	照度:300 lx,色温:3300~5300 K,显色指数:不低于80	
	电插座	2	220 V,50 Hz	五孔
	接地	—	—	
给排水	上下水	1	安装混水器	洗手盆
	地漏	—		
暖通	湿度/%	30~60		
	温度/℃	冬季:20~24;夏季:23~26	机械排风	
	净化	新风量满足要求(有外窗,过渡季可采用自然通风)		

30. 心肺复苏室

空间类别	治疗处置	房间编码
	空间及行为	
房间名称	心肺复苏室	R2010103

说明： 心肺复苏室为急诊抢救用房，用于对各种原因引起的心跳骤停实施救护和操作，以保护心、脑等重要器官。房间内需设置呼吸机、除颤仪、起搏器、心电图机等抢救仪器及各种抢救药品、物品。

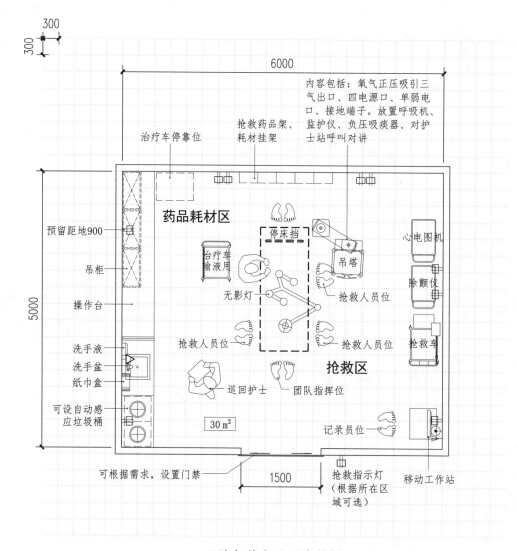

心肺复苏室平面布局图

图例： 电源插座　呼叫　电话　地漏

感应龙头　T 电视　观片灯　网络

空间类别	治疗处置		房间编码	
	装备及环境			
房间名称	心肺复苏室		R2010103	

建筑要求	规格
净尺寸	开间×进深：6000×5000
	面积：30 m²，高度：不小于2.8 m
装修	墙地面材料应便于清扫、擦洗，不污染环境，阴阳角宜做成圆角
	顶棚应采用吸声材料
门窗	门应设置非通视窗
安全私密	—

装备清单		数量	规格	备注
家具	抢救床	1	2100×740×890	（可选）电动推床
	垃圾桶	2	500×450×800	（可选）电动感应污物柜
	洗手盆	1	900×600×800	宜配备防水板、纸巾盒、洗手液
	整体柜	3组	700×600×800	尺寸根据产品型号
	治疗车	1	560×475×870	尺寸根据产品型号
	抢救车	1	560×475×930	尺寸根据产品型号
	仪器车	2	560×475×870	尺寸根据产品型号
设备	吊塔	1	—	单臂吊塔，臂长600（参考）
	移动工作站	1	—	包括显示器、主机、打印机
	抢救设备	若干	—	尺寸根据产品型号
	无影灯	1	灯头直径700	LED无影灯，功率300 W，灯头质量14 kg

机电要求		数量	规格	备注
医疗气体	氧气(O)	1	—	
	负压(V)	1	—	
	正压(A)	1	—	
弱电	网络接口	2	RJ45	
	电话接口	1	RJ11	或综合布线
	电视接口	—	—	
	呼叫接口	1	—	
强电	照明	—	照度：750 lx，色温：3300～5300 K，显色指数：不低于90	
	电插座	15	220 V，50 Hz	五孔
	接地	1	小于1Ω	
给排水	上下水	1	安装混水器	洗手盆
	地漏	—		
暖通	湿度/%		30～60	
	温度/℃		冬季：20～24；夏季：23～26	机械排风
	净化		新风量满足规定要求	

31. 处置室

空间类别	治疗处置 空间及行为	房间编码
房间名称	处置室	R2020310

说明： 处置室为进行垃圾处理、治疗车消毒的房间，也用于污染治疗操作。房间内应采取一定的消毒措施。

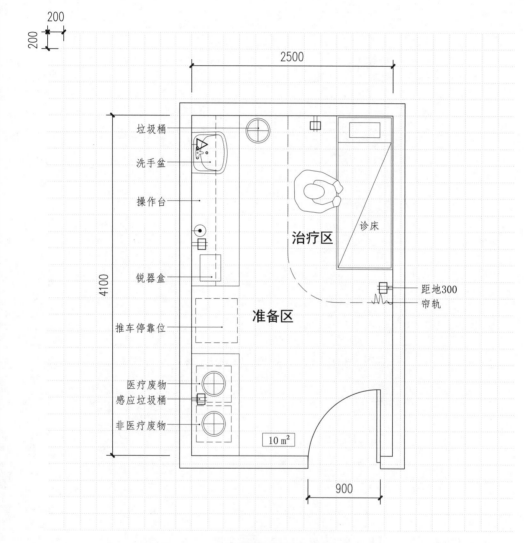

处置室平面布局图

图例： ⊟电源插座 ○呼叫 ▷电话 ◎地漏
◁感应龙头 T电视 ▯▯观片灯 ◉网络

空间类别	治疗处置 装备及环境	房间编码	
房间名称	处置室		R2020310

建筑要求	规格
净尺寸	开间×进深:2500×4100 面积:10 m²，高度:不小于2.6 m
装修	墙地面材料应便于清扫、擦洗，不污染环境 顶棚应采用吸声材料
门窗	—
安全私密	—

装备清单		数量	规格	备注
家具	操作台	1	—	
	诊床	1	1850×700	宜安装一次性床垫卷筒纸
	垃圾桶	1	300	直径
	洗手盆	1	500×450×800	防水板、纸巾盒、洗手液、镜子（可选）
	帘轨	1	—	L形
设备	感应垃圾桶	1	—	

机电要求		数量	规格	备注
医疗气体	氧气(O)	—	—	
	负压(V)	—	—	
	正压(A)	—	—	
弱电	网络接口	1	RJ45	
	电话接口	—	RJ11	或综合布线
	电视接口	—	—	
	呼叫接口	—	—	
强电	照明	—	照度:300 lx，色温:3300～5300 K，显色指数:不低于80	
	电插座	5	220 V，50 Hz	五孔
	接地	—	—	
给排水	上下水	1	安装混水器	洗手盆
	地漏	—	—	
暖通	湿度/%		30～60	
	温度/℃		18～26	宜优先采用自然通风
	净化		—	应采用一定的消毒方式

32. 高活性注射室（给药室）

空间类别	治疗处置	房间编码
	空间及行为	
房间名称	高活性注射室(给药室)	R2030103

说明： 在核医学诊疗中，将放射性核素及其标记化合物通过注射方式引入人体。使用放射性同位素标记的药物，对某种物质进行定性或者定量的分析，以测定患者体内是否有某种物质或者某种物质的多少，提示是否可能患有某种疾病。

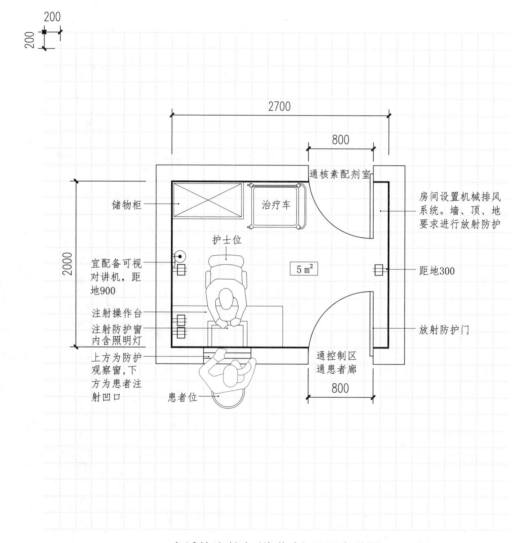

高活性注射室(给药室)平面布局图

图例：⊟电源插座 ⌒呼叫 ▷电话 ⊗地漏

◁感应龙头 Ⓣ电视 ⊡观片灯 ⊙网络

空间类别	治疗处置	房间编码	
	装备及环境		
房间名称	高活性注射室(给药室)	R2030103	

建筑要求	规格
净尺寸	开间×进深:2700×2000 面积:5 m²,高度:不小于2.6 m
装修	墙地面材料应便于清扫、擦洗,不污染环境
门窗	应满足一定的防护要求
安全私密	应满足一定的防护要求

装备清单		数量	规格	备注
家具	操作台	1	500×1400×760	设置放射防护铅玻璃,自带注射照明灯
	座椅	1	526×526	带靠背,可升降,可移动
	圆凳	1	380	直径
	储物柜	1	900×450×1800	尺寸根据产品型号
	治疗车	1	—	尺寸根据产品型号
设备				

机电要求		数量	规格	备注
医疗气体	氧气(O)	—	—	
	负压(V)	—	—	
	正压(A)	—	—	
弱电	网络接口	1	RJ45	
	电话接口	—	RJ11	或综合布线
	电视接口	—	—	
	呼叫接口	—	—	
强电	照明	—	照度:300 lx,色温:3300～5300 K,显色指数:不低于80	
	电插座	4	220 V,50 Hz	五孔
	接地	—		
给排水	上下水	—	安装混水器	洗手盆
	地漏	—		
暖通	湿度/%		30～60	
	温度/℃		18～26	宜优先采用自然通风
	净化		—	

33. 注射室

空间类别	一般诊疗 空间及行为	房间编码
房间名称	注射室	R2030104

说明： 注射室用于门急诊注射针剂药品。患者自己或在其他人的帮助下进入注射室，护士根据医嘱按照规范要求对患者进行药品注射治疗。

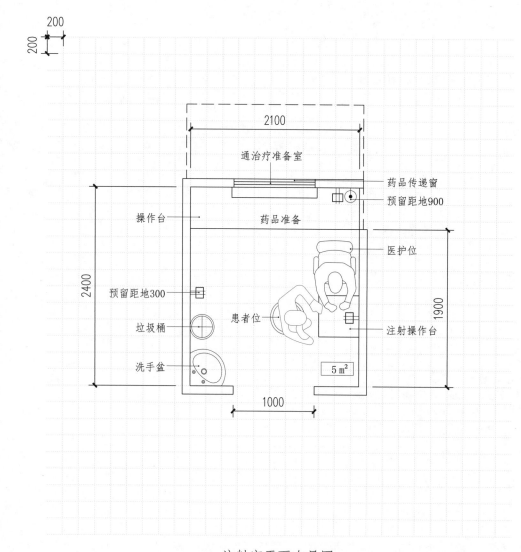

注射室平面布局图

图例： ⊟电源插座 ⊖呼叫 ▷电话 ◈地漏

◁感应龙头 T电视 ▯观片灯 ◉网络

空间类别	一般诊疗 装备及环境	房间编码	
房间名称	注射室	R2030104	

建筑要求	规格
净尺寸	开间×进深：2100×2400 面积：5 m²，高度：不小于2.6 m
装修	墙地面材料应便于清扫、擦洗，不污染环境 顶棚应采用吸声材料
门窗	—
安全私密	需设置隔帘保护患者隐私

装备清单		数量	规格	备注
家具	操作台	1	—	尺寸根据产品型号
	垃圾桶	1	—	尺寸根据产品型号
	洗手盆	1	—	尺寸根据产品型号
	座椅	1	526×526	带靠背，可升降，可移动
	圆凳	1	380	直径
设备				

机电要求		数量	规格	备注
医疗气体	氧气(O)	—	—	
	负压(V)	—	—	
	正压(A)	—	—	
弱电	网络接口	1	RJ45	
	电话接口	—	RJ11	或综合布线
	电视接口	—	—	
	呼叫接口	—	—	
强电	照明	—	照度：300 lx，色温：3300～5300 K，显色指数：不低于80	
	电插座	3	220 V，50 Hz	五孔
	接地			
给排水	上下水	1	安装混水器	洗手盆
	地漏	—		
暖通	湿度/%		30～60	
	温度/℃		18～26	宜优先采用自然通风
	净化		—	需采用一定的消毒方式，如紫外线灯

34. 接婴室

空间类别	治疗处置	房间编码
	空间及行为	
房间名称	接婴室	R2030805

说明： 接婴室用于新生儿病房及NICU重症监护室的患儿接收，是患儿家属与医生交接、询问患儿信息的房间。房间内需设置患儿保温设备、监控及拾音设备。

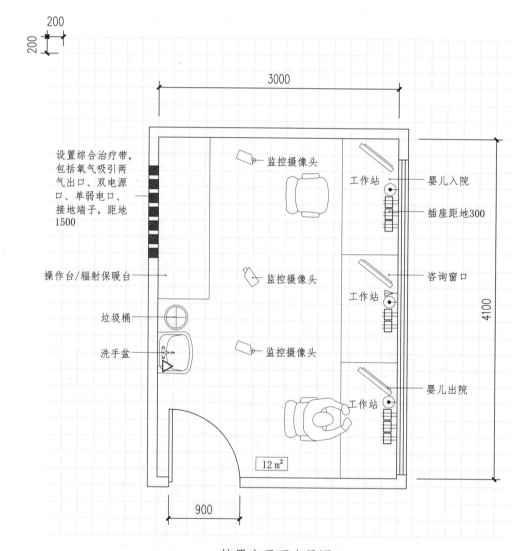

接婴室平面布局图

图例： ⊟电源插座 ⊖呼叫 ▷电话 ⊗地漏
◁感应龙头 T电视 □观片灯 ⊙网络

空间类别	治疗处置	房间编码	
	装备及环境		
房间名称	接婴室	R2030805	

建筑要求	规格
净尺寸	开间×进深：3000×4100
	面积：12 m²，高度：不小于2.6 m
装修	墙地面材料应便于清扫、擦洗，不污染环境
	顶棚应采用吸声材料
门窗	门应设置非通视窗
安全私密	—

装备清单		数量	规格	备注
家具	诊桌	3	700×1200	尺寸根据产品型号
	座椅	2	526×526	带靠背，可升降，可移动
	洗手盆	1	500×450×800	防水板、纸巾盒、洗手液、镜子（可选）
	垃圾桶	1	300	直径
设备	摄像监控头	3	—	尺寸根据产品型号
	工作站	1	600×500×950	包括显示器、主机、打印机
	医疗带	1		尺寸根据产品型号

机电要求		数量	规格	备注
医疗气体	氧气(O)	2	—	
	负压(V)	2	—	
	正压(A)	—	—	
弱电	网络接口	3	RJ45	
	电话接口	1	RJ11	或综合布线
	电视接口	—	—	
	呼叫接口	—	—	
强电	照明	—	照度：300 lx，色温：3300～5300 K，显色指数：不低于80
	电插座	11	220 V，50 Hz	五孔
	接地	2	—	设备带
给排水	上下水	1	安装混水器	洗手盆
	地漏	—		
暖通	湿度/%		30～60	
	温度/℃		18～26	宜优先采用自然通风
	净化		—	需采用一定的消毒方式，如紫外线灯

35. 婴儿洗澡间

空间类别	治疗处置	房间编码
	空间及行为	
房间名称	婴儿洗澡间	R2030906

说明： 婴儿洗澡间用于为新生儿、婴儿定期洗澡，可进行量体称重、洗澡、按摩抚触等项目。为新生儿区的辅助功能房间，房间内恒温恒湿，内设洗婴池、抚触台、清洁物品储存柜，婴儿洗澡池需设置温控装置，防止婴儿烫伤。此房型多为新生儿区集中洗澡时用。

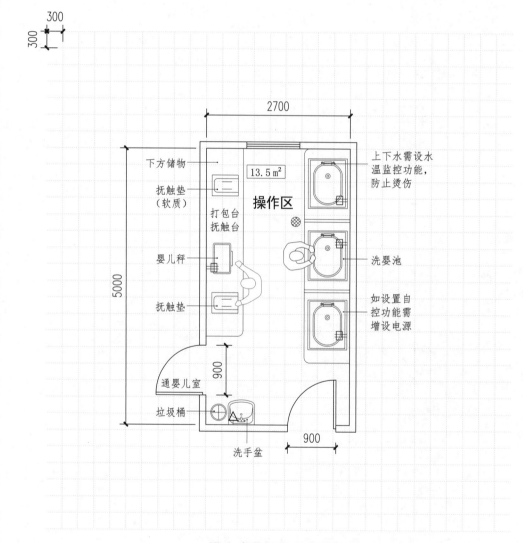

婴儿洗澡间平面布局图

图例： ▤电源插座 ◠呼叫 ▷电话 ⊗地漏

◁感应龙头 T电视 ▯观片灯 ◉网络

空间类别	治疗处置 装备及环境		房间编码	
房间名称	婴儿洗澡间		R2030906	

建筑要求	规格
净尺寸	开间×进深:2700×5000 面积:13.5 m²,高度:不小于2.6 m
装修	墙地面材料应便于清扫、擦洗,不污染环境,防水、防滑 顶棚应采用吸声材料
门窗	—
安全私密	—

装备清单		数量	规格	备注
家具	抚触台	2	1800×700×700	配备(可更换)软质抚触垫
	婴儿洗澡池	3	900×730×750	具备恒温或超温监测功能
	洗手盆	1	500×450×800	防水板、纸巾盒、洗手液、镜子(可选)
设备	婴儿秤	1	560×360×70	婴儿身高体重秤,质量2.2 kg

机电要求		数量	规格	备注
医疗气体	氧气(O)	—	—	
	负压(V)	—	—	
	正压(A)	—	—	
弱电	网络接口	—	RJ45	
	电话接口	—	RJ11	或综合布线
	电视接口	—	—	
	呼叫接口	—	—	
强电	照明	—	照度:100 lx,色温:3300~5300 K,显色指数:不低于80	
	电插座	5	220 V,50 Hz	五孔
	接地	—	—	
给排水	上下水	4	安装混水器	洗手盆、婴儿洗澡池
	地漏	1	—	
暖通	湿度/%		50~80	
	温度/℃		冬季:26~28;夏季:26~32	独立机械排风系统
	净化		—	

36. 治疗处置室

空间类别	治疗处置 空间及行为	房间编码
房间名称	治疗处置室	R2031104

说明: 治疗处置室用于清洁有创操作,如清洁换药、小针刀、骶骨疗法等。一般为一医一患,需要一定的活动空间,医患共用入口。

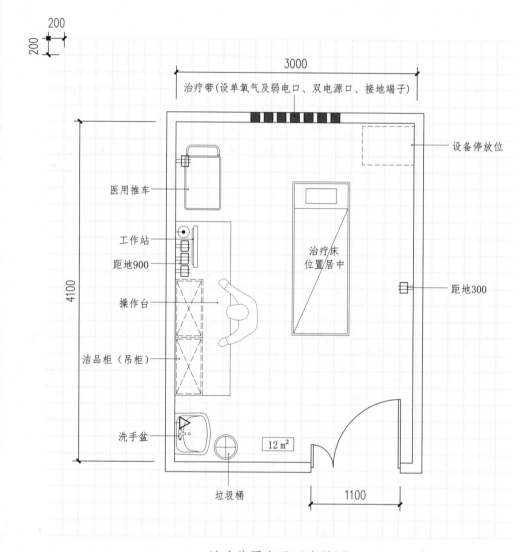

治疗处置室平面布局图

图例: ⊟电源插座　⊖呼叫　▷电话　⊗地漏

◁感应龙头　Ⓣ电视　▢观片灯　⊙网络

空间类别	治疗处置	房间编码
	装备及环境	
房间名称	治疗处置室	R2031104

建筑要求	规格
净尺寸	开间×进深:3000×4100 面积:12 m²,高度:不小于2.6 m
装修	墙地面材料应便于清扫、擦洗,不污染环境 顶棚应采用吸声材料
门窗	门应设置非通视窗、U形门把手。窗户设置应保证自然采光和通风的需要
安全私密	需设置隔帘保护病患隐私,房间如果为落地窗,应设置安全栏杆保护医患安全

装备清单		数量	规格	备注
家具	治疗床	1	1800×700×600	宜安装一次性床垫卷筒纸
	洗手盆	1	—	防水板、纸巾盒、洗手液、镜子(可选)
	垃圾桶	1	300	直径
	医用推车	1	600×475×960	尺寸根据产品型号
	吊柜操作台	1	1400×650×1850	现场测量定制
设备	治疗设备	1	—	根据治疗项目配置相应设备
	工作站	1	—	包括显示器、主机、打印机

机电要求		数量	规格	备注
医疗气体	氧气(O)	1	—	
	负压(V)	1	—	
	正压(A)	—	—	
弱电	网络接口	1	RJ45	
	电话接口	—	RJ11	或综合布线
	电视接口	—	—	
	呼叫接口	—	—	
强电	照明	—	照度:300 lx,色温:3300~5300 K,显色指数:不低于80	
	电插座	8	220 V,50 Hz	五孔
	接地	1	小于1Ω	
给排水	上下水	1	安装混水器	洗手盆
	地漏			
暖通	湿度/%		30~60	
	温度/℃		冬季:20~24;夏季:23~26	机械排风,排风量大于新风量
	净化		新风量满足规定要求	

37. 个人心理治疗室

空间类别	治疗处置	房间编码
	空间及行为	
房间名称	个人心理治疗室	R2040102

说明： 心理治疗室应设置在安静、减少周边环境干扰的位置，远离门诊人群密集的区域，形成一种安全、温馨的氛围，有助于患者心态的调整及保护患者隐私。房间有一定的隔声要求，室内要整洁，光线要柔和。室内色调不宜大红大紫，应减少视觉刺激。房间装修应尽可能减少硬线条和棱角，可选用舒适沙发。

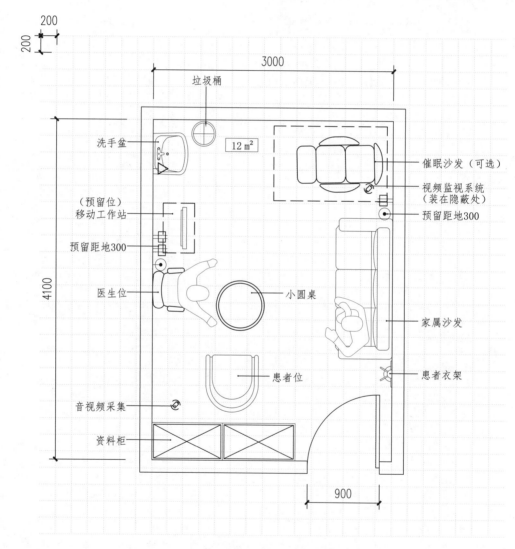

个人心理治疗室平面布局图

图例： ⊟电源插座 ⌒呼叫 ▷电话 ⊗地漏
◁感应龙头 T电视 ▯观片灯 ⊙网络

空间类别	治疗处置 装备及环境	房间编码	
房间名称	个人心理治疗室	R2040102	

建筑要求		规格
净尺寸		开间×进深:3000×4100
		面积:12 m²,高度:宜不小于2.6 m
装修		地面装修应便于清扫,不污染环境
门窗		窗户设置应保证自然采光和通风的需要
安全私密		—

装备清单		数量	规格	备注
家具	小圆桌	1	—	尺寸根据产品型号
	医生座椅	1	600×500×950	带靠背、可升降、可移动
	洗手盆	1	500×450×800	防水板、纸巾盒、洗手液、镜子（可选）
	垃圾桶	1	300	直径
	资料柜	2	900×400×1850	尺寸根据产品型号
	衣架	1	—	尺寸根据产品型号
	单人沙发	1	—	尺寸根据产品型号
	三人沙发	1	—	尺寸根据产品型号
	催眠沙发	1	—	供患者使用,半躺式
设备	移动工作站	1	—	
	摄像头	2	—	隐藏安装,采集音视频信息

机电要求		数量	规格	备注
医疗气体	氧气(O)	—	—	
	负压(V)	—	—	
	正压(A)	—	—	
弱电	网络接口	2	RJ45	
	电话接口	—	RJ11	
	电视接口	—		
	呼叫接口	—		
强电	照明	—	照度:300 lx,色温:3300~5300 K,显色指数:不低于80	
	电插座	4	220 V,50 Hz	五孔
	接地	—		
给排水	上下水	1	安装混水器	洗手盆
	地漏	—		
暖通	湿度/%		40~60	
	温度/℃		20~26	宜优先采用自然通风
	净化		—	

38. 早期发展治疗室（含培训）

空间类别	治疗处置	房间编码
	空间及行为	
房间名称	早期发展治疗室（培训）	R2040103

说明： 早期综合发展治疗室包含喂养、感知、言语、运动、依恋等治疗项目，同时需要预留培训教育条件。将心理治疗原理同时应用于多人组中进行团体心理治疗（Group Psychotherapy），通过他们之间的互动和相互影响达到心理治疗目的。通常情况下由一位或两位团体治疗师主持一个小组的治疗。座位不分主次，随意入座，以创造放松的氛围。

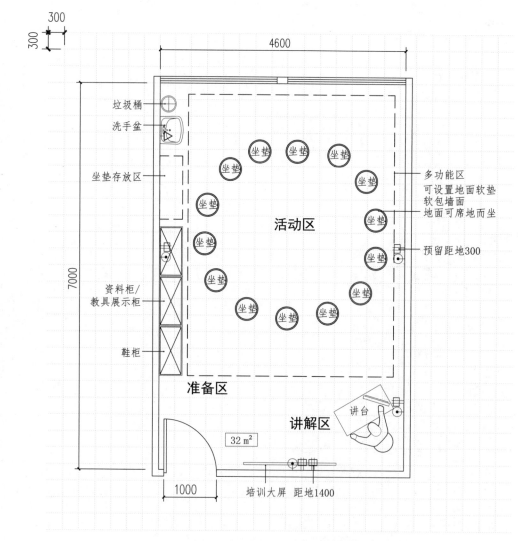

早期发展治疗室（培训）平面布局图

图例： ⊟电源插座　○呼叫　▷电话　⊗地漏
⊲感应龙头　T电视　□观片灯　⊙网络

空间类别	治疗处置 装备及环境	房间编码	
房间名称	早期发展治疗室（培训）		R2040103

建筑要求	规格
净尺寸	开间×进深:4600×7000 面积:32 m², 高度:宜不小于2.8 m
装修	地面装修应便于清扫,不污染环境
门窗	窗户设置应保证自然采光和通风的需要
安全私密	—

装备清单		数量	规格	备注
家具	讲台	1	—	尺寸根据产品型号
	圆凳	1	380	直径
	洗手盆	1	500×450×800	防水板、纸巾盒、洗手液、镜子（可选）
	垃圾桶	1	300	直径
	储物柜	3	900×400×1850	尺寸根据产品型号
	坐垫	若干	—	也可席地而坐
设备	工作站	1	—	包括显示器、主机、打印机

机电要求		数量	规格	备注
医疗气体	氧气(O)	—	—	
	负压(V)	—	—	
	正压(A)	—	—	
弱电	网络接口	4	RJ45	
	电话接口	—	RJ11	或综合布线
	电视接口	—	—	
	呼叫接口	—	—	
强电	照明	—	照度:300 lx, 色温:3300～5300 K, 显色指数:不低于80	
	电插座	6	220 V, 50 Hz	五孔
	接地	—		
给排水	上下水	1	安装混水器	洗手盆
	地漏	—		
暖通	湿度/%		30～60	
	温度/℃		18～26	宜优先采用自然通风
	净化	—		

39. 中医理疗室

空间类别	治疗处置	房间编码
	空间及行为	
房间名称	中医理疗室	R2041003

说明： 中医理疗室是用于中医治疗操作的场所。房间内可进行展筋丹揉药、点穴按摩（推拿）、针（艾）灸、理疗等治疗项目。一般为一医一患，需要一定的活动空间，需注意隐私保护，医患共用入口。

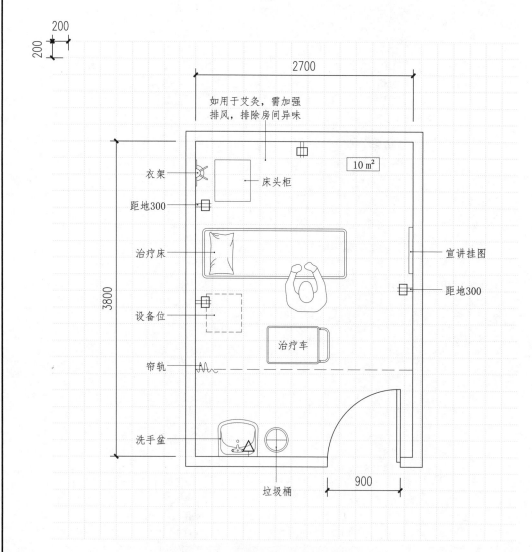

中医理疗室平面布局图

图例： ⊟电源插座 ○呼叫 ▷电话 ◎地漏
⊲感应龙头 T电视 □观片灯 ⊙网络

空间类别	治疗处置	房间编码	
	装备及环境		
房间名称	中医理疗室	R2041003	

建筑要求	规格	
净尺寸	开间×进深：2700×3800	
	面积：10 m²，高度：不小于2.6 m	
装修	墙地面材料应便于清扫、擦洗，不污染环境	
	顶棚应采用吸声材料	
门窗	—	
安全私密	需设置隔帘保护患者隐私	

装备清单		数量	规格	备注
家具	治疗床	1	700×1850	宜安装一次性床垫卷筒纸
	垃圾桶	1	300	直径
	洗手盆	1	500×450×800	防水板、纸巾盒、洗手液、镜子（可选）
	诊椅	1	526×526	带靠背，可升降，可移动
	衣架	1	—	尺寸根据产品型号
	帘轨	1	2700	直线形
设备	设备	1	—	如：灯、灸、电针

机电要求		数量	规格	备注
医疗气体	氧气(O)	—	—	
	负压(V)	—	—	
	正压(A)	—	—	
弱电	网络接口	—	RJ45	
	电话接口	—	RJ11	或综合布线
	电视接口	—	—	
	呼叫接口	—	—	
强电	照明	—	照度：300 lx，色温：3300～5300 K，显色指数：不低于80	
	电插座	5	220 V，50 Hz	五孔
	接地			
给排水	上下水	1	安装混水器	洗手盆
	地漏	—		
暖通	湿度/%		30～60	
	温度/℃		冬季：20～24；夏季：23～26	机械排风
	净化		新风量满足规定要求	

40.VIP 输液室

空间类别	治疗处置	房间编码
	空间及行为	
房间名称	VIP输液室	R2050201

说明: 该室用于VIP患者的输液治疗，房间基本要求与输液大厅单元相同，座椅及输液床间距需满足治疗车通过、护士静脉注射等操作所需空间。应注意房间的隐私和安静，可设置在距护士站较近的角落。

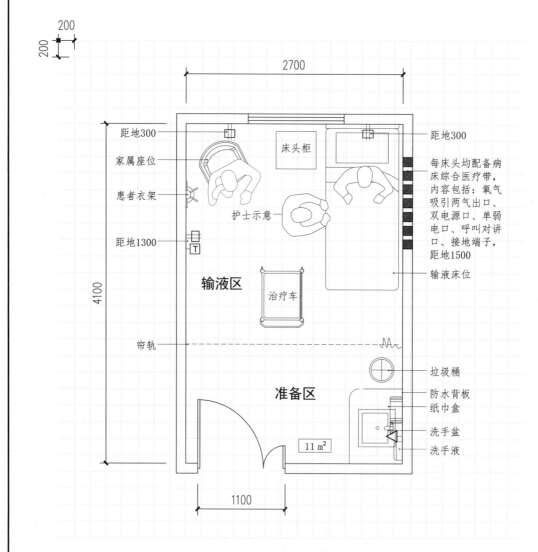

VIP输液室平面布局图

图例: ⊟电源插座 ⌒呼叫 ▷电话 ⊛地漏

◁感应龙头 T电视 ▯观片灯 ◉网络

空间类别	治疗处置 装备及环境	房间编码
房间名称	VIP输液室	R2050201

建筑要求	规格
净尺寸	开间×进深:2700×4100 面积:11 m²，高度:不小于2.6 m
装修	墙地面材料应便于清扫、擦洗，不污染环境 顶棚应采用吸声材料
门窗	—
安全私密	需设置隔帘保护患者隐私

装备清单		数量	规格	备注
家具	输液床	1	900×2100	尺寸根据产品型号
	家属座椅	1	—	尺寸根据产品型号
	洗手盆	1	500×450×800	防水板、纸巾盒、洗手液、镜子（可选）
	垃圾桶	1	300	直径
	衣架	1	—	尺寸根据产品型号
	帘轨	1	2650	直线形
	床头柜	1	—	尺寸根据产品型号
设备	治疗车	1	—	尺寸根据产品型号
	医疗带	1	—	尺寸根据产品型号

机电要求		数量	规格	备注
医疗气体	氧气(O)	1	—	
	负压(V)	1	—	
	正压(A)	—	—	
弱电	网络接口	1	RJ45	
	电话接口	—	RJ11	或综合布线
	电视接口	1	—	
	呼叫接口	1	—	
强电	照明	—	照度:300 lx，色温:3300~5300 K，显色指数:不低于80	
	电插座	6	220 V，50 Hz	五孔
	接地	1	小于1Ω	
给排水	上下水	1	安装混水器	洗手盆
	地漏	—	—	
暖通	湿度/%		30~60	
	温度/℃		冬季:20~24；夏季:23~26	机械排风
	净化		新风量满足规定要求	

41. 家化新生儿病房

空间类别	治疗处置	房间编码
	空间及行为	
房间名称	家化新生儿病房	R2110404

说明：家化新生儿病房即家庭化设置、布置的病房，内设沙发、茶几、储物柜、新生儿病床等设施，同时床头设置综合治疗带以满足医疗需求。房间内应温馨、明亮，且通风良好。

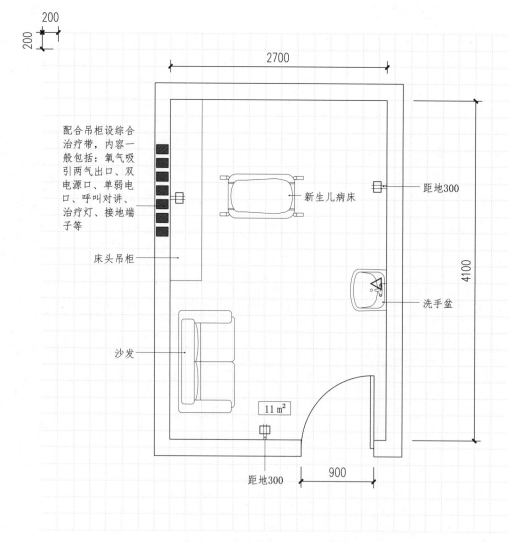

配合吊柜设综合治疗带，内容一般包括：氧气吸引两气出口、双电源口、单弱电口、呼叫对讲、治疗灯、接地端子等

床头吊柜

沙发

新生儿病床

距地300

洗手盆

4100

2700

200

200

11 m²

距地300

900

家化新生儿病房平面布局图

图例： ⊟电源插座 ○呼叫 ▷电话 ◎地漏
◁感应龙头 T电视 □观片灯 ⊙网络

空间类别	治疗处置	房间编码	
	装备及环境		
房间名称	家化新生儿病房	R2110404	

建筑要求	规格
净尺寸	开间×进深:2700×4100 面积:11 m²,高度:不小于2.8 m
装修	墙地面材料应便于清扫、擦洗,不污染环境 顶棚应采用吸声材料
门窗	—
安全私密	房间如果为落地窗,应设置安全栏杆保护医患安全

装备清单		数量	规格	备注
家具	沙发	1	—	尺寸根据产品型号
	床头吊柜	1	—	尺寸根据产品型号
设备	治疗带	1	—	尺寸根据产品型号
	新生儿病床	1	980×650×720	

机电要求		数量	规格	备注
医疗气体	氧气(O)	1	—	
	负压(V)	1	—	
	正压(A)	—	—	
弱电	网络接口	1	RJ45	
	电话接口	—	RJ11	或综合布线
	电视接口	—	—	
	呼叫接口	1	—	
强电	照明	—	照度:300 lx,色温:3300～5300 K,显色指数:不低于80	
	电插座	6	220 V,50 Hz	五孔
	接地	1	小于1 Ω	
给排水	上下水	—	安装混水器	洗手盆
	地漏	—		
暖通	湿度/%		55～65	独立的机械排风系统(排风机与净化空调机组联动运行)
	温度/℃		24～26	
	净化		净化洁净度满足规范要求	

42. 袋鼠式护理病房

空间类别	治疗处置	房间编码
	空间及行为	
房间名称	袋鼠式护理病房	R2110405

说明： 袋鼠式护理是指早产儿的母（父）亲以类似于袋鼠、无尾熊等有袋动物抚育幼崽的方式照顾婴儿。此方法能够减少或减轻产后抑郁症，同时促进乳汁的分泌，有利于母乳喂养，在保温方面的效果也比暖箱好。更重要的是，这种方法有助于婴儿的心理发育。

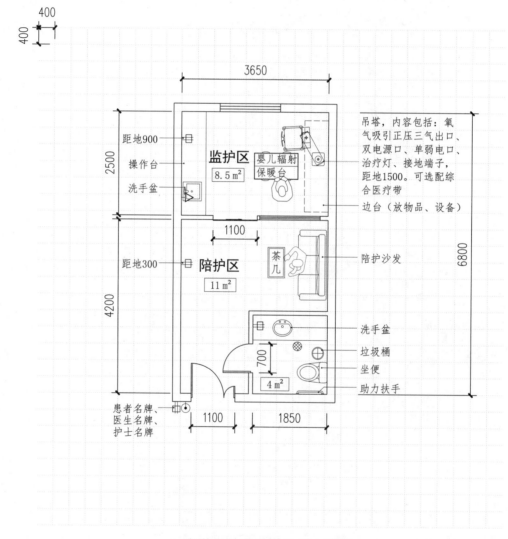

400

400

3650

距地900

2500

操作台

监护区

8.5 m²

婴儿辐射
保暖台

洗手盆

1100

距地300

陪护区

11 m²

茶几

4200

700

1100   1850

4 m²

患者名牌、
医生名牌、
护士名牌

吊塔，内容包括：氧气吸引正压三气出口、双电源口、单弱电口、治疗灯、接地端子，距地1500。可选配综合医疗带

边台（放物品、设备）

陪护沙发

洗手盆
垃圾桶
坐便
助力扶手

6800

袋鼠式护理病房平面布局图

图例： ⊟电源插座 ⊖呼叫 ▷电话 ⊗地漏
◁感应龙头 T电视 □观片灯 ⊙网络

空间类别	治疗处置 装备及环境	房间编码	
房间名称	袋鼠式护理病房	R2110405	

建筑要求	规格
净尺寸	开间×进深:3650×6800 面积:23.5 m²,高度:不小于2.8 m
装修	墙地面材料应便于清扫、擦洗,不污染环境 顶棚应采用吸声材料
门窗	—
安全私密	—

装备清单		数量	规格	备注
家具	陪护沙发	1	—	尺寸根据产品型号
	茶几	1	—	尺寸根据产品型号
	操作台	1	—	尺寸定制
	垃圾桶	1	300	直径
	洗手盆	1	500×450×800	防水板、纸巾盒、洗手液、镜子(可选)
	卫生间	1	—	洗手盆、坐便
设备	吊塔	1	—	尺寸根据产品型号
	辐射保暖台	1	—	尺寸根据产品型号

机电要求		数量	规格	备注
医疗气体	氧气(O)	1	—	
	负压(V)	1	—	
	正压(A)	1	—	
弱电	网络接口	2	RJ45	
	电话接口	—	RJ11	或综合布线
	电视接口	—	—	
	呼叫接口	—	—	
强电	照明	—	照度:300 lx,色温:3300~5300 K,显色指数:不低于80	
	电插座	7	220 V,50 Hz	五孔
	接地	1	—	
给排水	上下水	3	安装混水器	洗手盆、坐便
	地漏	1		
暖通	湿度/%	55~65	独立的机械排风系统(排风机与净化空调机组联动运行)
	温度/℃	24~26	
	净化	净化洁净度满足规范要求	

43. 新生儿重症监护病房

空间类别	一般诊疗 空间及行为	房间编码
房间名称	新生儿重症监护病房	R2110411

说明: 新生儿重症监护病房用于重症患儿的护理、抢救等。

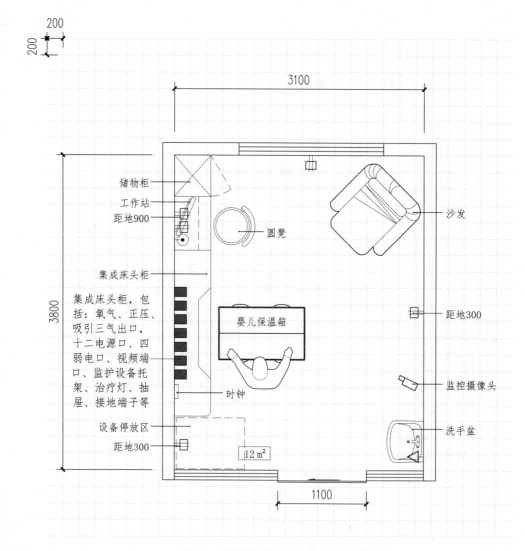

新生儿重症监护病房平面布局图

图例: ⊞电源插座 ↻呼叫 ▷电话 ⊗地漏
◁感应龙头 T电视 ⊡观片灯 ⊙网络

空间类别	一般诊疗 装备及环境	房间编码
房间名称	新生儿重症监护病房	R2110411

建筑要求	规格
净尺寸	开间×进深:3100×3800 面积:12 m²,高度:宜不小于2.8 m
装修	地面装修应便于清扫、消毒,不污染环境
门窗	窗户设置应保证自然采光和通风的需要
安全私密	—

装备清单		数量	规格	备注
家具	圆凳	1	380	直径
	洗手盆	1	500×450×800	防水板、纸巾盒、洗手液、镜子(可选)
	沙发	1	—	尺寸根据产品型号
	储物操作台	1	—	尺寸根据产品型号
设备	婴儿保温箱	1	1085×640×1075	尺寸根据产品型号
	集成床头柜	1	—	尺寸根据产品型号,预留气体、强弱电端口
	摄像头	1	—	尺寸根据产品型号
	床旁监护	1	—	尺寸根据产品型号
	工作站	1	—	包括显示器、主机、打印机

机电要求		数量	规格	备注
医疗气体	氧气(O)	2	—	
	负压(V)	2	—	
	正压(A)	2	—	
弱电	网络接口	5	RJ45	
	电话接口	—	RJ11	
	电视接口	—		
	呼叫接口	1	—	
强电	照明	—	照度:300 lx,色温:3300~5300 K,显色指数:不低于80	
	电插座	18	220 V,50 Hz	五孔
	接地	1	小于1Ω	
给排水	上下水	1	安装混水器	洗手盆
	地漏	—		
暖通	湿度/%		55~65	
	温度/℃		24~26	独立的机械排风系统
	净化		宜为III级洁净用房	新风量满足规定要求

44. 早产儿护理间

空间类别	治疗处置 空间及行为	房间编码
房间名称	早产儿护理间	R2120205

说明： 早产儿护理间用于对早产儿的照管、看护。房间对私密性没有要求，宜采用大空间方式，便于监护和管理。需设置监控、门禁设备，并配合腕带等方式，确保患儿安全。

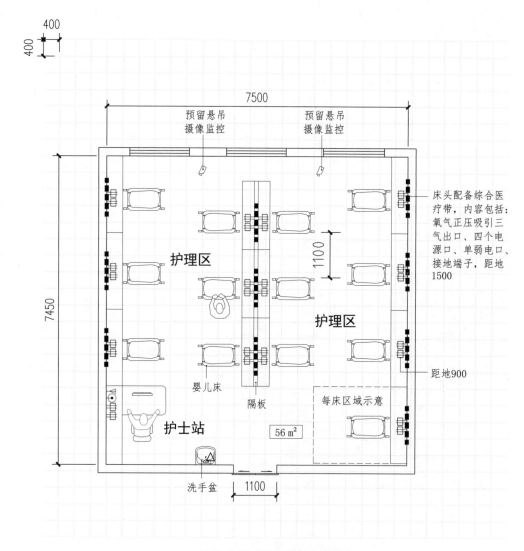

早产儿护理间平面布局图

图例： ⊟电源插座　◯呼叫　▷电话　⊛地漏

◁感应龙头　Ｔ电视　⊡观片灯　⊙网络

空间类别	治疗处置装备及环境	房间编码
房间名称	早产儿护理间	R2120205

建筑要求		规格
净尺寸		开间×进深:7500×7450
		面积:56 m²,高度:不小于2.6 m
装修		墙地面材料应便于清扫、擦洗,不污染环境
		顶棚应采用吸声材料
门窗		门窗基础做隔声处理
安全私密		—

装备清单		数量	规格	备注
家具	新生儿床	13	825×530×910	质量16 kg(睡盆5 kg),对角刹车系统
	边台	3组	—	尺寸根据产品型号
设备	治疗带	13	600×500×950	尺寸根据产品型号
	摄像监控	2	—	尺寸根据产品型号

机电要求		数量	规格	备注
医疗气体	氧气(O)	13	—	
	负压(V)	13	—	
	正压(A)	13	—	
弱电	网络接口	14	RJ45	
	电话接口	1	RJ11	或综合布线
	电视接口	—	—	
	呼叫接口	—	—	
强电	照明	—	照度:200 lx,色温:3300~5300 K,显色指数:不低于80	
	电插座	81	220 V,50 Hz	五孔
	接地	13	—	
给排水	上下水	1	安装混水器	洗手盆
	地漏	—	—	
暖通	湿度/%		50~60	
	温度/℃		22~26	机械排风
	净化		新风量满足规定要求	

45. 隔离分娩室

空间类别	治疗处置	房间编码
	空间及行为	
房间名称	隔离分娩室	R2210202

说　明：　隔离分娩室应恒温、恒湿，设置吊柜、矮柜、器械柜等储物空间。操作台上设置新生儿称重、打包设施。房间设置手术灯，并靠近抢救设备，可进行简单助产，并设有独立卫生间。房间内配新生儿复苏设备,含缓冲区,设置独立出入口。

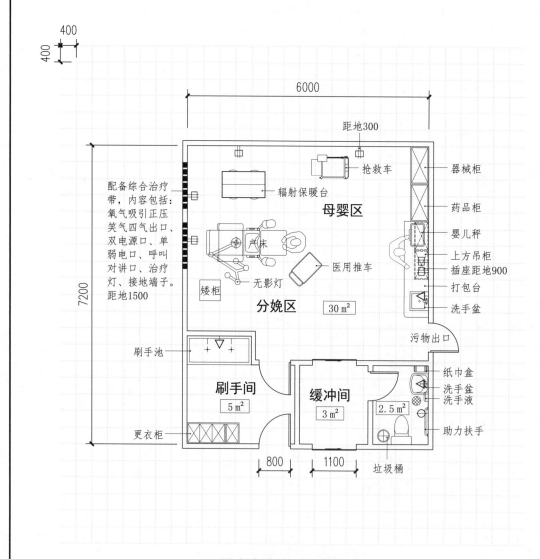

隔离分娩室平面布局图

图例：⊟电源插座　◯呼叫　▷电话　◎地漏
　　　◁感应龙头　Ｔ电视　▱观片灯　⊙网络

空间类别	治疗处置	房间编码	
	装备及环境		
房间名称	隔离分娩室	R2210202	

建筑要求	规格
净尺寸	开间×进深：6000×7200
	面积：43 m²，高度：不小于2.6 m
装修	墙地面材料应便于清扫、擦洗，不污染环境
	顶棚应采用吸声材料
门窗	—
安全私密	—

装备清单		数量	规格	备注
家具	产床	1	1920×610×790	尺寸根据产品型号
	医用推车	1	600×475×960	尺寸根据产品型号
	器械柜	1	900×450	尺寸根据产品型号
	药品柜	1	900×450	尺寸根据产品型号
	洗手盆	1	500×450	尺寸根据产品型号
	垃圾桶	2	300	直径
	打包台	1	—	尺寸根据产品型号
	卫生间	1	—	坐便、洗手盆
设备	婴儿秤	1	—	尺寸根据产品型号
	治疗带	2	—	尺寸根据产品型号
	抢救车	1	—	尺寸根据产品型号
	无影灯	1	灯头直径720	质量38 kg，功率180 W（参考）
	辐射保暖台	1	—	尺寸根据产品型号
	刷手池	1	—	防水板、纸巾盒、洗手液

机电要求		数量	规格	备注
医疗气体	氧气(O)	4	—	
	负压(V)	4	—	
	正压(A)	2	—	
	笑气	2	—	
弱电	网络接口	2	RJ45	
	电话接口	—	RJ11	或综合布线
	呼叫接口	2	—	
强电	照明	—	照度：750 lx，色温：3300～5300 K，显色指数：不低于90
	电插座	13	220 V，50 Hz	五孔
	接地	3	—	医疗带、卫生间
给排水	上下水	4	安装混水器	洗手盆、坐便、刷手池
	地漏	1	—	
暖通	湿度/%		50～65	
	温度/℃		25～28	机械排风
	净化		全新风空调系统	

46. 睡眠脑电图室

空间类别	医疗设备	房间编码
	空间及行为	
房间名称	睡眠脑电图室	R3210503

说　明：　睡眠脑电图一般指多导睡眠图，主要用于睡眠和梦境研究以及抑郁症和睡眠呼吸暂停综合征的诊断。多导睡眠图是通过不同部位的生物电或通过不同传感器获得生物讯号，经前置放大，输出为不同的电讯号，记录出不同的图形以供分析。

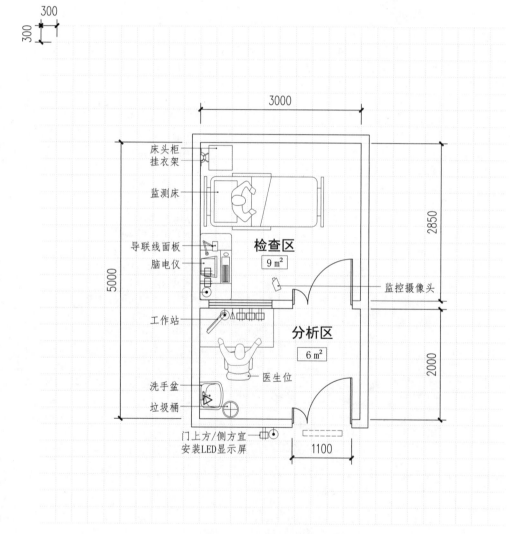

睡眠脑电图室平面布局图

图例：⊟电源插座　⏝呼叫　▷电话　◈地漏
　　　◁感应龙头　T电视　☐观片灯　●网络

空间类别	医疗设备	房间编码
	装备及环境	
房间名称	睡眠脑电图室	R3210503

建筑要求	规格
净尺寸	开间×进深:3000×5000
	面积:15 m²,高度:不小于2.6 m
装修	墙地面材料应便于清扫、擦洗,不污染环境
	顶棚应采用吸声材料
门窗	宜采用遮光窗帘,并控制噪声干扰
安全私密	—

装备清单		数量	规格	备注
家具	办公桌	1	1400×700×760	标准办公桌
	洗手盆	1	500×450×800	防水板、纸巾盒、洗手液、镜子(可选)
	垃圾桶	1	300	直径
	衣架	1	—	尺寸根据产品型号
	座椅	1	526×526	尺寸根据产品型号
	床头柜	1	450×500	尺寸根据产品型号
	监测床	1	—	尺寸根据产品型号
设备	监控摄像头	1	—	尺寸根据产品型号
	工作站	1	600×500×950	包括显示器、主机、打印机
	显示屏	1	—	尺寸根据产品型号
	脑电仪	1	—	尺寸根据产品型号

机电要求		数量	规格	备注
医疗气体	氧气(O)	—	—	
	负压(V)	—	—	
	正压(A)	—	—	
弱电	网络接口	3	RJ45	
	电话接口	1	RJ11	或综合布线
	电视接口	—	—	
	呼叫接口	—	—	
强电	照明	—	照度:300 lx,色温:3300~5300 K,显色指数:不低于80	
	电插座	7	220 V,50 Hz	五孔
	接地			
给排水	上下水	1	安装混水器	洗手盆
	地漏	—		
暖通	湿度/%		30~60	
	温度/℃		冬季:20~24;夏季:23~26	机械排风
	净化		新风量满足规定要求	

47. 语言治疗室

空间类别	医疗设备	房间编码
	空间及行为	
房间名称	语言治疗室	R3210808

说明：　语言治疗室是言语治疗专业人员对各类言语障碍者进行治疗或矫治的场所。其内容包括对各种言语障碍进行评定、诊断、治疗和研究，对象是存在各类言语障碍的成人和儿童。

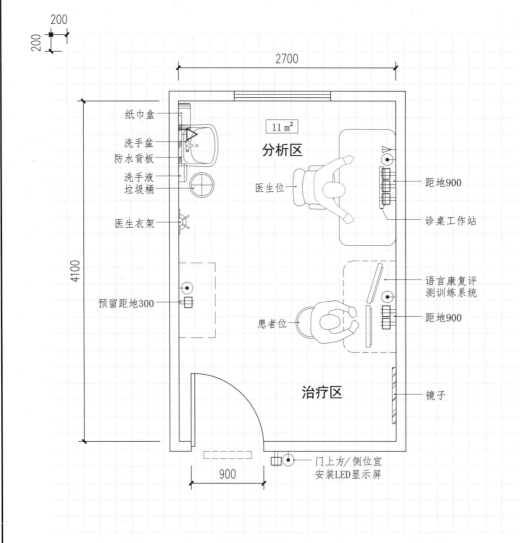

语言治疗室平面布局图

图例：■电源插座　〇呼叫　▷电话　⊗地漏

◁感应龙头　T电视　⬚观片灯　⊙网络

空间类别	医疗设备	房间编码	
	装备及环境		
房间名称	语言治疗室	R3210808	

建筑要求	规格
净尺寸	开间×进深:2700×4100
	面积:11 m²,高度:不小于2.6 m
装修	墙地面材料应便于清扫、擦洗,不污染环境
	顶棚应采用吸声材料
门窗	—
安全私密	—

装备清单		数量	规格	备注
家具	诊桌	1	700×1400	T形桌,宜圆角
	诊椅	1	526×526	带靠背,可升降,可移动
	圆凳	1	380	直径
	垃圾桶	1	300	直径
	洗手盆	1	500×450×800	防水板、纸巾盒、洗手液、镜子(可选)
	衣架	1	—	尺寸根据产品型号
	镜子	1	—	尺寸根据产品型号
设备	工作站	1	600×500×950	包括显示器、主机、打印机
	显示屏	1	—	尺寸根据产品型号
	测评系统	1	1100×650×750	语言康复评测训练系统

机电要求		数量	规格	备注
医疗气体	氧气(O)	—	—	
	负压(V)	—	—	
	正压(A)	—	—	
弱电	网络接口	4	RJ45	
	电话接口	1	RJ11	或综合布线
	电视接口	—	—	
	呼叫接口	—	—	
强电	照明	—	照度:300 1x,色温:3300~5300 K,显色指数:不低于80	
	电插座	8	220 V,50 Hz	五孔
	接地	—		
给排水	上下水	1	安装混水器	洗手盆
	地漏	—		
暖通	湿度/%		30~60	
	温度/℃		冬季:20~24;夏季:23~26	机械排风
	净化		新风量满足规定要求	

48. 儿童视听感统训练室

空间类别	医疗设备	房间编码
	空间及行为	
房间名称	儿童视听感统训练室	R3210816

说明： 儿童视听感统训练室内进行的是针对儿童大脑神经中枢指挥系统的训练。通过对视觉、听觉等的刺激，有层次、循序渐进的训练，为儿童建立有序、有层次的大脑神经中枢指挥系统。

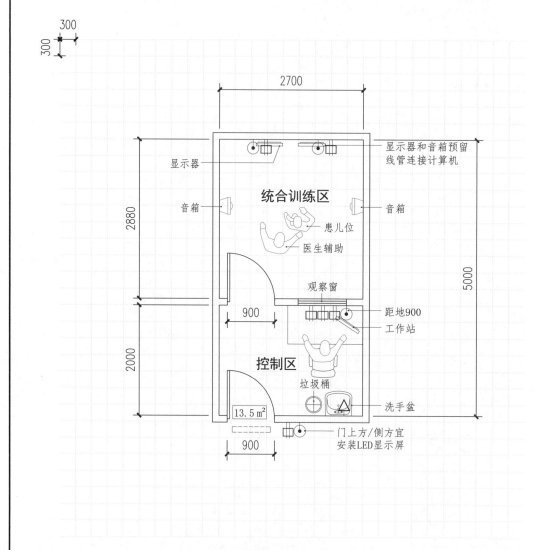

儿童视听感统训练室平面布局图

图例： ⊟电源插座　○呼叫　▷电话　⊗地漏

◁感应龙头　T电视　□观片灯　◉网络

空间类别	医疗设备 装备及环境	房间编码	
房间名称	儿童视听感统训练室	R3210816	

建筑要求	规格
净尺寸	开间×进深:2700×5000 面积:13.5 m²，高度:不小于2.6 m
装修	墙地面材料应便于清扫、擦洗，不污染环境 顶棚应采用吸声材料
门窗	门窗基础做隔声处理
安全私密	房间如果为落地窗，应设置安全栏杆保护医患安全

装备清单		数量	规格	备注
家具	操作台	1	700×1400	宜圆角
	洗手盆	1	500×450×800	防水板、纸巾盒、洗手液、镜子（可选）
	垃圾桶	1	300	直径
	诊椅	1	526×526	带靠背，可升降，可移动
设备	工作站	1	—	包括显示器、主机、打印机
	显示屏	1	—	尺寸根据产品型号
	音箱	2	—	尺寸根据产品型号
	显示器	2	—	尺寸根据产品型号

机电要求		数量	规格	备注
医疗气体	氧气(O)	—	—	
	负压(V)	—	—	
	正压(A)	—	—	
弱电	网络接口	4	RJ45	
	电话接口	—	RJ11	或综合布线
	电视接口	—	—	
	呼叫接口	—	—	
强电	照明	—	照度:300 lx，色温:3300～5300 K，显色指数:不低于80	
	电插座	7	220 V，50 Hz	五孔
	接地	—	—	
给排水	上下水	1	安装混水器	洗手盆
	地漏	—	—	
暖通	湿度/%		30～60	
	温度/℃		冬季:20～24;夏季:23～26	机械排风
	净化		新风量满足规定要求	

49. 眼科诊室及暗室

空间类别	医疗设备	房间编码
	空间及行为	
房间名称	眼科诊室及暗室	R3220404

说明： 眼科诊室用于对患者情况进行初步了解、检查，房间内设置裂隙灯等基本检查设备。暗室需采取一定的手段控制房间内照明，调整房间亮度，如在医生侧设置双控开关。诊室应避免强光照射，避免使用红色、橙色等刺激性色彩，要求光线稍暗而均匀、柔和。

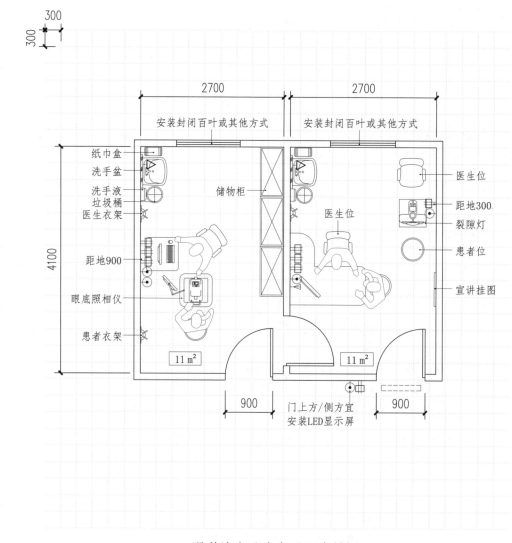

眼科诊室及暗室平面布局图

图例： ⊟电源插座　○呼叫　▷电话　⊗地漏
⊲感应龙头　Ｔ电视　▯观片灯　⊙网络

空间类别	医疗设备	房间编码
	装备及环境	
房间名称	眼科诊室及暗室	R3220404

建筑要求	规格
净尺寸	开间×进深:5500×4100
	面积:22 m²,高度:不小于2.6 m
装修	墙地面应便于清扫,不污染环境
	顶棚应采用吸声材料,避免采用红色、橙色等刺激性色彩,色调宜柔和、均匀
门窗	门应设置非通视窗,窗户设置应保证自然采光和通风
安全私密	房间如果为落地窗,应设置安全栏杆保护医患安全

装备清单		数量	规格	备注
家具	诊桌	1	700×1400	宜圆角
	洗手盆	2	500×450×800	防水板、纸巾盒、洗手液、镜子(可选)
	圆凳	2	380	直径
	垃圾桶	2	300	直径
	诊椅	3	526×526	带靠背,可升降,可移动
	衣架	3	—	尺寸根据产品型号
设备	工作站	1	600×500×950	包括显示器、主机、打印机
	裂隙灯	1	560×350	功率30 W,卤素灯6 V,质量18 kg
	眼底照相机	1	304×567×606	尺寸根据产品型号

机电要求		数量	规格	备注
医疗气体	氧气(O)	—	—	
	负压(V)	—	—	
	正压(A)	—	—	
弱电	网络接口	5	RJ45	
	电话接口	1	RJ11	或综合布线
	电视接口	—	—	
	呼叫接口	—	—	
强电	照明	—	照度:300 lx,色温:3300～5300 K,显色指数:不低于80
	电插座	10	220 V,50 Hz	五孔
	接地	—		
给排水	上下水	2	安装混水器	洗手盆
	地漏	—		
暖通	湿度/%		30～60	
	温度/℃		冬季:20～24;夏季:23～26	机械排风
	净化		新风量满足规定要求	

50. 眼科配镜室

空间类别	医疗设备 空间及行为	房间编码
房间名称	眼科配镜室	R3220409

说明： 配镜室用于眼科验光配镜，主要用于自动验光、手动验光配镜等。

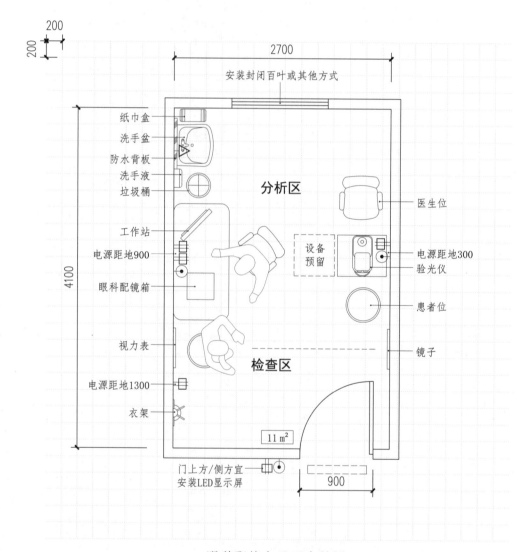

眼科配镜室平面布局图

图例： ⊟电源插座 ⌒呼叫 ▷电话 ⊗地漏
◁感应龙头 T电视 ▯▯观片灯 ●网络

空间类别	医疗设备 装备及环境		房间编码	
房间名称	眼科配镜室		R3220409	

建筑要求	规格
净尺寸	开间×进深:2700×4100 面积:11 m²,高度:不小于2.6 m
装修	墙地面应便于清扫,不污染环境 顶棚应采用吸声材料,避免采用红色、橙色等刺激性色彩,色调宜柔和、均匀
门窗	门应设置非通视窗,窗户设置应保证自然采光和通风
安全私密	房间如果为落地窗,应设置安全栏杆保护医患安全

装备清单		数量	规格	备注
家具	诊桌	1	700×1400	宜圆角
	诊椅	2	526×526	带靠背,可升降,可移动
	圆凳	2	380	直径
	洗手盆	1	500×450×800	防水板、纸巾盒、洗手液、镜子(可选)
	垃圾桶	1	300	直径
	衣架	1	—	尺寸根据产品型号
	镜子	1	—	尺寸根据产品型号
设备	工作站	1	600×500×950	包括显示器、主机、打印机
	视力表	1	—	尺寸根据产品型号
	验光仪	1	480×495×720	功率80 W,质量23 kg
	配镜箱	1	—	尺寸根据产品型号

机电要求		数量	规格	备注
医疗气体	氧气(O)	—	—	
	负压(V)	—	—	
	正压(A)	—	—	
弱电	网络接口	3	RJ45	
	电话接口	—	RJ11	或综合布线
	电视接口	—	—	
	呼叫接口	—	—	
强电	照明	—	照度:300 lx,色温:3300~5300 K,显色指数:不低于80	
	电插座	6	220 V,50 Hz	五孔
	接地	—	—	
给排水	上下水	1	安装混水器	洗手盆
	地漏	—		
暖通	湿度/%		30~60	
	温度/℃		冬季:20~24;夏季:23~26	机械排风
	净化		新风量满足规定要求	

51.LEEP 刀治疗室

空间类别	医疗设备 空间及行为	房间编码
房间名称	LEEP刀治疗室	R3220602

说明： LEEP刀治疗室是用于妇科宫颈治疗的房间。房间有时可兼作宫颈治疗室、妇科微波室、阴道镜室或同区域设置，用于治疗各种宫颈病变。采用高频无线电刀产生的3.8 MHz的超高频（微波）电波，使细胞内水分形成蒸汽波来完成各种切割、止血等手术。

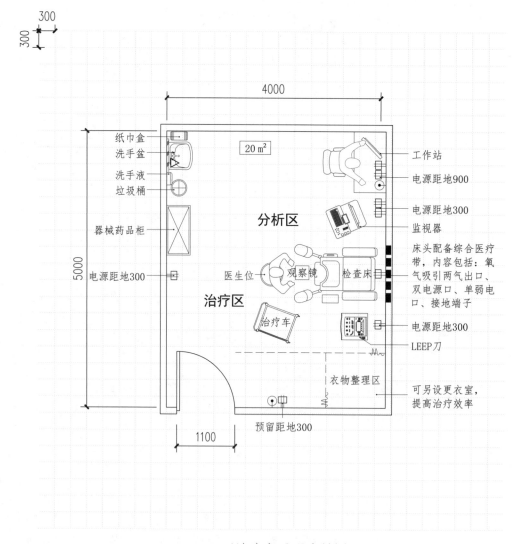

LEEP刀治疗室平面布局图

图例： ⊟电源插座　○呼叫　▷电话　⊗地漏
　　　◁感应龙头　T电视　□观片灯　⊙网络

空间类别	医疗设备 装备及环境	房间编码
房间名称	LEEP刀治疗室	R3220602

建筑要求		规格
净尺寸	开间×进深:4000×5000	
	面积:20 m²,高度:不小于2.6 m	
装修	墙地面材料应便于清扫、擦洗,不污染环境	
门窗	门应设置非通视窗、U形门把手	
安全私密	房间如果为落地窗,应设置安全栏杆保护医患安全	

装备清单		数量	规格	备注
家具	工作台	1	600×1400	宜圆角
	诊椅	1	526×526	带靠背,可升降,可移动
	洗手盆	1	500×450×800	防水板、纸巾盒、洗手液、镜子(可选)
	垃圾桶	1	300	直径
	器械药品柜	1	900×450×1850	尺寸根据产品型号
	妇科检查床	1	1850×700	宜安装一次性床垫卷筒纸
	脚凳	1	400×280×120	不锈钢脚踏凳
	治疗车	1	500×450	尺寸根据产品型号
	帘轨	2	—	直线形
	圆凳	1	380	直径
设备	工作站	1	600×500×950	包括显示器、主机、打印机
	监视器	1	—	
	LEEP刀	1	—	尺寸根据产品型号

机电要求		数量	规格	备注
医疗气体	氧气(O)	1	—	
	负压(V)	1	—	
	正压(A)	—	—	
弱电	网络接口	2	RJ45	
	电话接口	—	RJ11	或综合布线
	电视接口	—	—	
	呼叫接口	—	—	
强电	照明	—	照度:300 1x,色温:3300～5300 K,显色指数:不低于80	
	电插座	12	220 V,50 Hz	五孔
	接地	1		
给排水	上下水	1	安装混水器	洗手盆
	地漏	—		
暖通	湿度/%		30～60	
	温度/℃		冬季:20～24;夏季:23～26	机械排风
	净化		新风量满足规定要求	应采用一定的消毒方式

52. 阴道镜检查室

空间类别	医疗设备	房间编码
	空间及行为	
房间名称	阴道镜检查室	R3220604

说明：　阴道镜(colposcope)是一种妇科临床诊断仪器，是妇科内窥镜之一。适用于各种宫颈疾病及生殖器病变的诊断，也是男女性疾病早期诊断的重要手段。

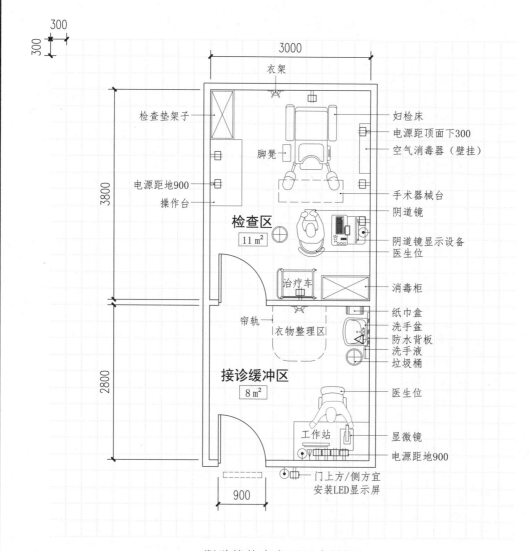

阴道镜检查室平面布局图

图例：⊟电源插座　〇呼叫　▷电话　⊗地漏
　　　◁感应龙头　T电视　□观片灯　⊙网络

空间类别	医疗设备 装备及环境	房间编码
房间名称	阴道镜检查室	R3220604

建筑要求	规格
净尺寸	开间×进深:3000×6700 面积:20 m²，高度:不小于2.6 m
装修	墙地面材料应便于清扫、擦洗，不污染环境 顶棚应采用吸声材料
门窗	—
安全私密	需设置隔帘保护患者隐私

装备清单		数量	规格	备注
家具	诊桌	1	700×1400	宜圆角
	妇检床	1	580×1400×600	宜安装一次性床垫卷筒纸
	脚凳	1	400×280×120	不锈钢脚踏凳
	垃圾桶	2	300	直径
	诊椅	1	526×526	带靠背，可升降，可移动
	衣架	1	—	尺寸根据产品型号
	帘轨	1	—	U形
	洗手盆	1	500×450×800	防水板、纸巾盒、洗手液、镜子（可选）
	消毒柜	1	—	尺寸根据产品型号
	检查椅	1	380	直径，带靠背
	治疗车	1	—	尺寸根据产品型号
设备	空气净化器	1	—	壁挂式
	工作站	1	600×500×950	包括显示器、主机、打印机
	显微镜	1	367×233×411	尺寸根据产品型号
	阴道镜	1	402×506×110	包括阴道镜、配套系统显示设备等
	手术器械台	1	—	尺寸根据产品型号

机电要求		数量	规格	备注
弱电	网络接口	3	RJ45	
	电话接口	1	RJ11	或综合布线
	电视接口	—	—	
	呼叫接口	—	—	
强电	照明	—	照度:300 lx，色温:3300～5300 K，显色指数:不低于80	
	电插座	13	220 V，50 Hz	五孔
	接地	—		
给排水	上下水	1	安装混水器	洗手盆
	地漏	—		
暖通	湿度/%		30～60	
	温度/℃		冬季:20～24；夏季:23～26	机械排风
	净化		新风量满足规定要求	应采取一定的消毒措施

53.VIP 超声检查室

空间类别	医疗设备	房间编码
	空间及行为	
房间名称	VIP超声检查室	R3230205

说明： 超声检查室是利用超声设备进行检查的医疗功能房间。患者应就近上检查床，医生右手位操作超声检查仪对患者进行检查。超声设备对电源有特殊要求，建议使用纯净电源。由于病人检查时可能需要脱去衣服，因此需要考虑保护病人隐私的设施。VIP检查室专门设置单独等候区，方便患者或家属休息、等候。

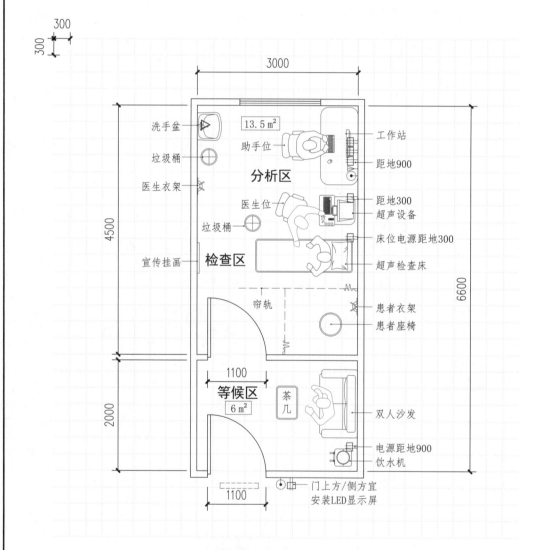

VIP超声检查室平面布局图

图例：⊟电源插座　○呼叫　▷电话　◉地漏

◁感应龙头　丁电视　□观片灯　●网络

空间类别	医疗设备 装备及环境	房间编码	
房间名称	VIP超声检查室	R3230205	

建筑要求	规格
净尺寸	开间×进深:3000×6600 面积:20 m²,高度:不小于2.6 m
装修	墙地面材料应便于清扫、擦洗,不污染环境 顶棚应采用吸声材料
门窗	—
安全私密	需设置隔帘保护患者隐私

装备清单		数量	规格	备注
家具	诊桌	1	700×1400	宜圆角
	超声检查床	1	1850×600	宜安装一次性床垫卷筒纸
	脚凳	1	400×280×120	不锈钢脚踏凳
	垃圾桶	2	300	直径
	诊椅	2	526×526	带靠背,可升降,可移动
	衣架	2	—	尺寸根据产品型号
	帘轨	2	—	直线形
	洗手盆	1	500×450×800	防水板、纸巾盒、洗手液、镜子(可选)
	圆凳	1	380	直径
	双人沙发	1	—	含茶几
	饮水机	1		
设备	工作站	1	600×500×950	包括显示器、主机、打印机
	超声设备	1	—	尺寸根据产品型号

机电要求		数量	规格	备注
医疗气体	氧气(O)	—	—	
	负压(V)	—	—	
	正压(A)	—	—	
弱电	网络接口	2	RJ45	
	电话接口	1	RJ11	或综合布线
	电视接口	—	—	
	呼叫接口	—	—	
强电	照明	—	照度:300 lx,色温:3300～5300 K,显色指数:不低于80	
	电插座	8	220 V,50 Hz	五孔
	接地			
给排水	上下水	1	安装混水器	洗手盆
	地漏	—		
暖通	湿度/%		30～60	
	温度/℃		冬季:20～24;夏季:23～26	机械排风
	净化		新风量满足规定要求	

54. 超声骨密度检查室

空间类别	医疗设备	房间编码
	空间及行为	
房间名称	超声骨密度检查室	R3230501

说明： 超声骨密度仪，是利用超声波通过水或耦合剂，通过被测组织来测量人体跟骨、髋骨、腔骨及指骨等的SOS（超声声速）、BUA（超声频率衰减）和BQI（骨质指数）等一组与骨质量相关的参数，计算和反映人体骨质量值，从而诊断被测者的骨质状况的仪器。

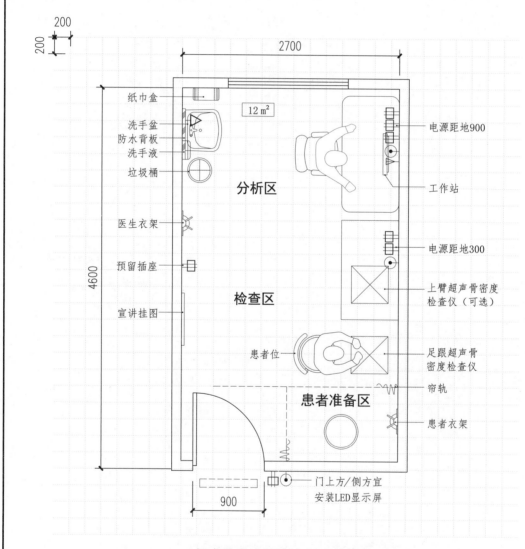

超声骨密度检查室平面布局图

图例： ⊟电源插座 ⊖呼叫 ▷电话 ⊗地漏
◁感应龙头 Ⓣ电视 □观片灯 ⊙网络

空间类别	医疗设备 装备及环境	房间编码
房间名称	超声骨密度检查室	R3230501

建筑要求	规格
净尺寸	开间×进深:2700×4600 面积:12 m²,高度:不小于2.6 m
装修	墙地面材料应便于清扫、擦洗,不污染环境 顶棚应采用吸声材料
门窗	门应设置非通视窗、U形门把手。窗户设置应保证自然采光和通风
安全私密	需设置隔帘保护患者隐私

装备清单		数量	规格	备注
家具	诊桌	1	700×1400	宜圆角
	诊椅	1	526×526	带靠背,可升降,可移动
	患者椅	1	380	直径
	洗手盆	1	500×450×800	防水板、纸巾盒、洗手液、镜子(可选)
	垃圾桶	1	300	直径
	衣架	2	—	尺寸根据产品型号
	帘轨	2	—	直线型
设备	工作站	1	—	包括显示器、主机、打印机
	显示屏	1	—	尺寸根据产品型号
	骨密度仪	1	—	超声骨密度检查设备,上臂或足跟检查

机电要求		数量	规格	备注
医疗气体	氧气(O)	—	—	
	负压(V)	—	—	
	正压(A)	—	—	
弱电	网络接口	3	RJ45	
	电话接口	1	RJ11	或综合布线
	电视接口	—	—	
	呼叫接口	—	—	
强电	照明	—	照度:300 lx,色温:3300~5300 K,显色指数:不低于80	
	电插座	8	220 V,50 Hz	五孔
	接地	—		
给排水	上下水	1	安装混水器	洗手盆
	地漏	—		
暖通	湿度/%		30~60	
	温度/℃		冬季:20~24;夏季:23~26	机械排风,排风量大于新风量
	净化		新风量满足规定要求	

55. 肿瘤热疗室

空间类别	医疗设备	房间编码
	空间及行为	
房间名称	肿瘤热疗室	R3250306

说明： 热疗室是使用肿瘤热疗仪采用加热方法治疗肿瘤的功能房间。采用射频、超声、微波、激光或者红外线等物理手段进行加热杀死肿瘤细胞，是手术、放疗、化疗和生物治疗外治疗肿瘤的方法。

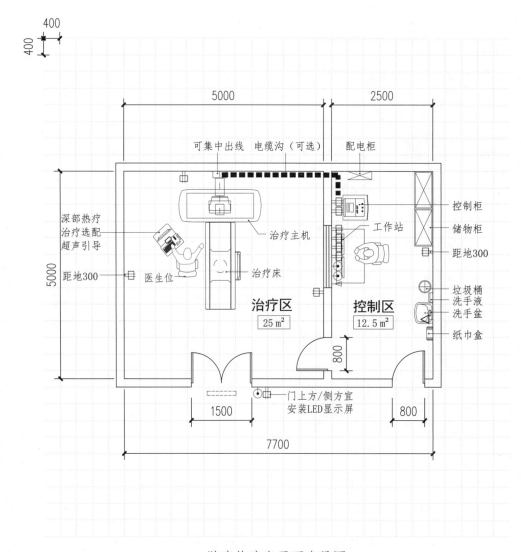

肿瘤热疗室平面布局图

图例： ⊞电源插座　◯呼叫　▷电话　⊗地漏
◁感应龙头　T电视　▢观片灯　⊙网络

空间类别	医疗设备 装备及环境	房间编码	
房间名称	肿瘤热疗室	R3250306	

建筑要求	规格
净尺寸	开间×进深:7700×5000 面积:37.5 m², 高度:不小于2.6 m
装修	墙地面材料应便于清扫，不污染环境 顶棚应采用吸声材料
门窗	若有条件，可设置自然采光
安全私密	—

装备清单		数量	规格	备注
家具	储物柜	2	900×450×1850	尺寸根据产品型号
	座椅	2	526×526	带靠背，可升降，可移动
	洗手盆	1	500×450×800	防水板、纸巾盒、洗手液、镜子（可选）
	垃圾桶	1	300	直径
设备	工作站	1	—	包括显示器、主机
	热疗设备	1	—	尺寸根据产品型号
	控制柜	1	700×600	尺寸根据产品型号
	超声设备	1	—	尺寸根据产品型号

机电要求		数量	规格	备注
医疗 气体	氧气(O)	—	—	
	负压(V)	—	—	
	正压(A)	—	—	
弱电	网络接口	3	RJ45	
	电话接口	1	RJ11	或综合布线
	电视接口	—	—	
	呼叫接口	—	—	
强电	照明	—	照度:300 lx, 色温:3300～5300 K, 显色指数:不低于80	
	电插座	12	220 V, 50 Hz	五孔
	接地	—	—	
给排水	上下水	1	安装混水器	洗手盆
	地漏	—	—	
暖通	湿度/%		30～60	
	温度/℃		冬季:20～24；夏季:23～26	机械排风，排风量大于新风量
	净化		新风量满足规定要求	

56.ADL 训练区

空间类别	医疗设备	房间编码
	空间及行为	
房间名称	ADL训练区	R3260513

说明： ADL训练即日常生活活动能力训练，是恢复病前生活自理的一种康复治疗方式。包括厨房操作、饮水进食动作、器具使用、更衣动作、移动动作、步行动作、个人卫生动作和入浴动作、排泄动作等。需根据患者年龄、体质、疾病的不同阶段、动作损害情况及康复进展情况选择适宜的训练方式。

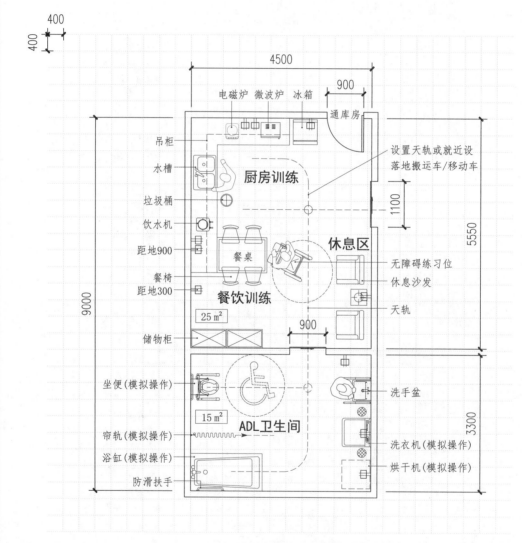

ADL训练区平面布局图

图例： ⊟电源插座 ◯呼叫 ▷电话 ⊗地漏
◁感应龙头 T电视 □观片灯 ⊙网络

空间类别	医疗设备 装备及环境	房间编码
房间名称	ADL训练区	R3260513

建筑要求		规格
净尺寸		开间×进深:4500×9000
		面积:40 m²,高度:不小于2.6 m
装修		墙地面材料应便于清扫、擦洗,防滑、防摔倒,不污染环境
		顶棚应采用吸声材料
门窗		门应设置非通视窗、U形门把手。窗户设置应保证自然采光和通风
安全私密		卫生间需设置隔帘模拟保护患者隐私

装备清单		数量	规格	备注
家具	餐桌餐椅	1	套	包含4把餐椅、1张餐桌
	整体橱柜	1	—	可设置吊柜,设置应满足无障碍使用
	水槽	1	400×450×300	尺寸根据产品型号
	垃圾桶	1	300	直径
	沙发	1	套	包括2个单人沙发、1个茶几
	天轨	1		尺寸根据产品型号
	储物柜	2	900×450×1850	
	卫生间	1	—	坐便、浴缸、洗手盆
设备	冰箱	1	600×550×1650	质量55 kg
	饮水机	1	310×330×360	质量1.7 kg,功率300 W
	微波炉	1	500×420×300	质量11 kg,功率900 W
	电磁炉	1	340×112×450	质量2.5 kg,功率2100 W
	洗衣机	1	590×600×850	质量73 kg,功率420 W
	烘干机	1	655×600×845	质量52 kg,功率600 W

机电要求		数量	规格	备注
弱电	网络接口	—	RJ45	
	电话接口	—	RJ11	或综合布线
	电视接口	—	—	
	呼叫接口	—	—	
强电	照明	—	照度:300 lx,色温:3300~5300 K,显色指数:不低于80	
	电插座	10	220 V,50 Hz	五孔
	接地	—		
给排水	上下水	2	安装混水器	水槽、洗手盆(模拟操作可不设水点)
	地漏	2	—	
暖通	湿度/%		30~60	
	温度/℃		冬季:20~24;夏季:23~26	机械排风
	净化		新风量满足规定要求	

57. 中药熏洗室（单人）

空间类别	医疗设备	房间编码
	空间及行为	
房间名称	中药熏洗室（单人）	R3261004

说明： 中药熏洗室是进行局部或全身中药熏蒸治疗的场所。房间需设置机械排风设备，就近设置药品、物品及医疗垃圾的存放空间。房间内需设置隔帘保护患者隐私。

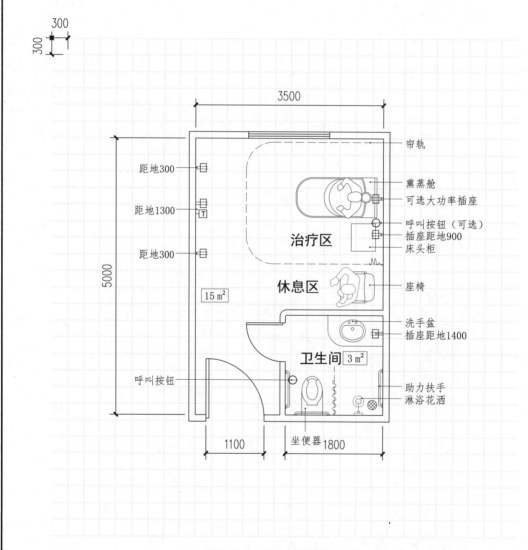

中药熏洗室（单人）平面布局图

图例：⊟电源插座　⌒呼叫　▷电话　⊗地漏
　　　◁感应龙头　T电视　▯观片灯　⊙网络

空间类别	医疗设备 装备及环境	房间编码
房间名称	中药熏洗室（单人）	R3261004

建筑要求	规格
净尺寸	开间×进深：3500×5000 面积：18 m²，高度：不小于2.6 m
装修	墙地面材料应便于清扫、冲洗，地面需防水，不污染环境 顶棚应采用吸声材料，防潮、防霉、耐水蒸气
门窗	—
安全私密	需设置隔帘保护患者隐私

装备清单		数量	规格	备注
家具	床头柜	1	450×400×700	防潮、防水蒸气
	座椅	1	526×526	带固定靠背，耐水防潮，稳固防滑
	坐便器	1	—	尺寸根据产品型号
	淋浴花洒	1	—	尺寸根据产品型号
	洗手盆	1	500×450×800	纸巾盒、洗手液、镜子（可选）
	帘轨	1		U形
设备	熏蒸仓	1	—	尺寸根据产品型号

机电要求		数量	规格	备注
医疗气体	氧气(O)	—	—	
	负压(V)	—	—	
	正压(A)	—	—	
弱电	网络接口	—	RJ45	
	电话接口	—	RJ11	或综合布线
	电视接口	1		
	呼叫接口	2		
强电	照明	—	照度：300 lx，色温：3300～5300 K，显色指数：不低于80	
	电插座	6	220 V，50 Hz	五孔
	接地	—		
给排水	上下水	4	安装混水器	洗手盆、淋浴、坐便器、熏蒸舱
	地漏	2		
暖通	湿度/%		30～65	
	温度/℃	冬季：24～28；夏季：26～30		独立的机械排风系统，建议高空排放
	净化	—		

58. 结肠水疗室

空间类别	医疗设备	房间编码
	空间及行为	
房间名称	结肠水疗室	R3261006

说明： 结肠水疗室是通过水疗仪对患者进行治疗的场所。可用于治疗肠道疾病、排除肠道毒素，改善便秘，纠正腹泻，调节肠道菌群失调，预防肠癌。

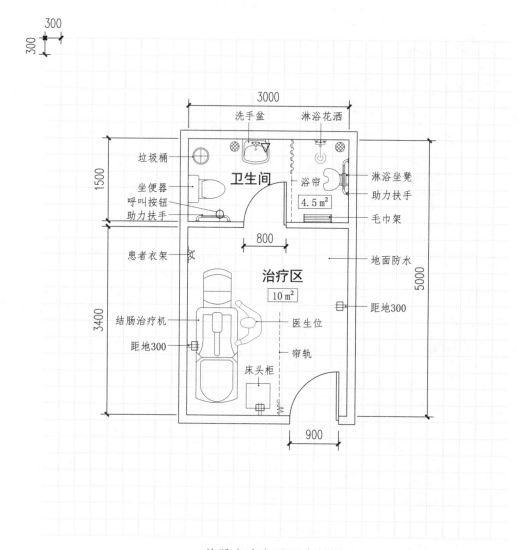

结肠水疗室平面布局图

图例： ⊞电源插座 ⊖呼叫 ▷电话 ✷地漏
◁感应龙头 T电视 ▯观片灯 ⊙网络

空间类别	医疗设备 装备及环境	房间编码
房间名称	结肠水疗室	R3261006

建筑要求	规格
净尺寸	开间×进深:3000×5000 面积:15 m²,高度:不小于2.6 m
装修	墙地面材料应便于清扫、擦洗,不污染环境 顶棚应采用吸声材料
门窗	—
安全私密	需设置隔帘保护患者隐私

装备清单		数量	规格	备注
家具	床头柜	1	—	尺寸根据产品型号
	帘轨	1	—	直线形
	洗手盆	1	—	尺寸根据产品型号
	垃圾桶	1	300	直径
	坐便器	1	—	尺寸根据产品型号
	衣架	1	—	尺寸根据产品型号
	淋浴花洒	1	—	尺寸根据产品型号
	浴帘	1	—	尺寸根据产品型号
设备	结肠治疗机	1	—	尺寸根据产品型号

机电要求		数量	规格	备注
医疗气体	氧气(O)	—	—	
	负压(V)	—	—	
	正压(A)	—	—	
弱电	网络接口	—	RJ45	
	电话接口	—	RJ11	或综合布线
	电视接口	—	—	
	呼叫接口	1	—	
强电	照明	—	照度:300 lx,色温:3300～5300 K,显色指数:不低于80	
	电插座	4	220 V,50 Hz	五孔
	接地	—		
给排水	上下水	4	安装混水器	洗手盆、坐便、花洒、结肠治疗仪
	地漏	2		
暖通	湿度/%		30～65	
	温度/℃		冬季:24～28;夏季:26～30	独立的机械排风系统,建议高空排放
	净化		—	

59. 沙盘治疗室

空间类别	医疗设备 空间及行为	房间编码
房间名称	沙盘治疗室	R3261430

说　明：　沙盘治疗室是利用沙盘和玩具进行儿童心理疗法的功能用房，能够触及儿童内心深层的问题，使得儿童在游戏中能平衡外在现实和内在现实，逐步达到自我治愈，改变行为的目的。适用于儿童自闭症、多动症、抑郁症、攻击行为、注意力不集中、作业拖拉、自控力差、恐惧症等。

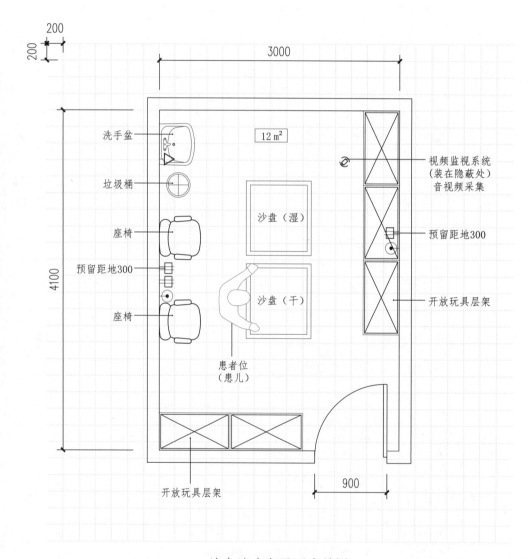

沙盘治疗室平面布局图

图例：⊟电源插座　⌒呼叫　▷电话　⊗地漏
　　　◁感应龙头　T电视　□观片灯　⊙网络

空间类别	医疗设备 装备及环境	房间编码	
房间名称	沙盘治疗室		R3261430

建筑要求	规格
净尺寸	开间×进深:3000×4100
	面积：12 m²，高度:宜不小于2.6 m
装修	地面装修应便于清扫，不污染环境
门窗	窗户设置应保证自然采光和通风
安全私密	—

装备清单		数量	规格	备注
家具	开放玩具架	5	850×400×1800	尺寸根据产品型号
	座椅	2	526×526	带靠背，可升降，可移动
	洗手盆	1	500×450×800	防水板、纸巾盒、洗手液、镜子（可选）
	垃圾桶	1	300	直径
	沙盘（干）	1	—	尺寸根据产品型号
	沙盘（湿）	1	—	尺寸根据产品型号
设备	移动工作站	1	—	包括显示器、主机、打印机
	摄像头	1	—	隐藏安装，采集音视频信息

机电要求		数量	规格	备注
医疗气体	氧气(O)	—	—	
	负压(V)	—	—	
	正压(A)	—	—	
弱电	网络接口	2	RJ45	
	电话接口	—	RJ11	
	电视接口	—	—	
	呼叫接口	—	—	
强电	照明	—	照度:300 lx，色温:3300～5300 K，显色指数:不低于80	
	电插座	4	220 V，50 Hz	五孔
	接地			
给排水	上下水	1	安装混水器	洗手盆
	地漏	—		
暖通	湿度/%		30～60	
	温度/℃		20～26	宜优先采用自然通风
	净化		—	

60.DR 室

空间类别	医疗设备	房间编码
	空间及行为	
房间名称	DR室	R3300202

说明： DR室是通过将X射线信号透射过人体获得数字影像，并将影像数据文件传送到计算机进行储存、处理、打印的房间。房间门宽应保证可以抬入担架病人，房间的布置要保证病床可以顺利拐弯。本房间为常规要求的单板DR设备布局，房间的射线防护设计应符合《放射诊断放射防护要求》GBZ 130 的相关规定，并需经国家相关部门审核，满足要求后方可进行施工。

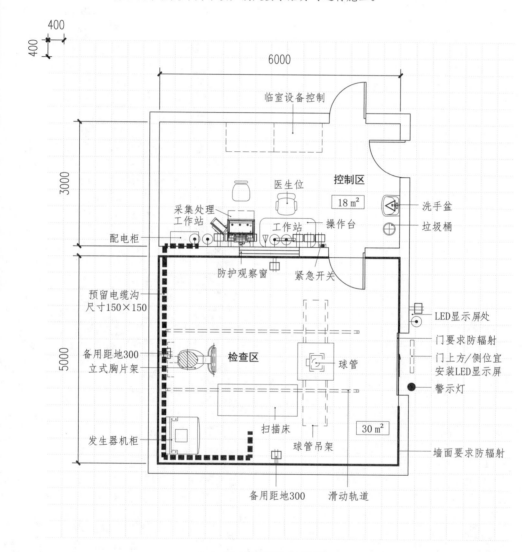

DR室平面布局图

图例： ⊟电源插座 ⌒呼叫 ▷电话 ⊗地漏
◁感应龙头 T电视 □观片灯 ⊙网络

空间类别	医疗设备 装备及环境	房间编码
房间名称	DR室	R3300202

建筑要求	规格
净尺寸	开间×进深:检查室6000×5000;控制室6000×3000 面积:48 m²,高度:不小于2.80 m
装修	顶棚应做活动吊顶,便于检修。墙地面装修应便于擦洗和消毒 室内环境应轻松舒适,以缓解病患心理压力
门窗	门及观察窗应为防辐射防护专业门窗
安全私密	放射线安全防护为设计的首要内容,需满足医护和患者两个人群的安全需求

装备清单		数量	规格	备注
家具	工作台	1	700×1400	DR配套设备,尺寸根据产品型号
	座椅	2	526×526	尺寸根据产品型号
	洗手盆	1	—	尺寸根据产品型号
	垃圾桶	1	—	尺寸根据产品型号
				尺寸根据产品型号
设备	工作站	1	—	包括显示器、主机
	LED	1	—	排队叫号使用
	警示灯	1	—	检查期间,警示灯处于开启状态
	扫描床	1	2295×938×520	床高、位置可调,质量480 kg
	立式胸片架	1	860×650×2286	质量270 kg
	悬吊球管	1	607×1016×889	质量29.5 kg
	发生器机柜	1	907×719×1296	质量308 kg

机电要求		数量	规格	备注
医疗 气体	氧气(O)	—	—	
	负压(V)	—	—	
	正压(A)	—	—	
弱电	网络接口	5	RJ45	自备设备连接线缆沟内铺设
	电话接口	1	—	
	电视接口	—	—	
	呼叫接口	1	—	设一个语音接口,用于医生同病患对话
强电	照明	—	照度:500 lx,色温:3300~5300 k,显色指数:不低于80	
	电插座	11	220 V,50 Hz	五孔
	接地	—	小于1Ω	设备专用PE线,与供电电缆等截面铜线
给排水	上下水	1	非手触龙头	医生洗手盆宜供应热水
	地漏			
暖通	湿度/%		30~80	控制室宜优先采用自然通风
	温度/℃		15~35,最佳为22	空调系统要保证常年制冷需求
	净化		—	应采用一定的消毒方式

续表

空间类别	医疗设备 装备及环境		房间编码	
房间名称	DR室		R3300202	

防护门窗		技术指标	
扫描间	门尺寸（宽×高）	1200×2100	
	观察窗尺寸（宽×高）	1500×800	
操作间	门尺寸（宽×高）	900×2100	

机电要求		技术指标	
强电要求	380 V±10%，50±3 Hz	三相五线制（三相动力电，零线，接地线）	
	最高功率：125 kVA	建议专线供电，推荐变压器容量150 kVA	
曝光条件	65 kW	最大管电压：80 kV，管电流：800 mA	
	80 kW	最大管电压：80 kV，管电流：1000 mA	
	辐射防护必须咨询当地相关部门并遵从相应法规要求		
补充说明	1. 控制室需安装一个连接到配电柜的紧急开关，便于切断系统电源； 2. 空调、洗片机、照明及电源插座等用电必须与设备用电分开回路； 3. 系统设备设专用电缆槽，必须做到表面平整，防水防油，远离发热源，避免温度剧烈变化。金属电缆槽必须接地		

温湿度要求	技术指标	
使用温度	15～35 ℃	变化率＜10 ℃/h
推荐湿度	30%～80%	变化率＜30%/h
储存温度	5～40 ℃	变化率＜20℃/h
储存湿度	20%～80%	变化率＜30%/h

场地要求		技术指标	
地面	平整度要求		
	基础	按设备要求进行准备,胸片架下制作基座,用于固定主机	
	扫描室	房间地面可整体降板，降板要求是-200 mm	
电缆沟	电缆沟尺寸(宽×深)	150×150	扫描室和控制室之间需做电缆沟
运输	最大运输设备尺寸	2400×1100×1300	
	最大质量	602 kg	
	运输通道(宽×高)	2100×2100	

61. 全景室

空间类别	医疗设备	房间编码
	空间及行为	
房间名称	全景室	R3300208

说明: 全景室是用于拍摄患者口腔全景牙片的房间。该房间是口腔科配套的检查辅助用房，房间需符合《放射诊断放射防护要求》GBZ 130 的相关规定，房间最小有效面积为5 m²，最小单边长度为2 m。

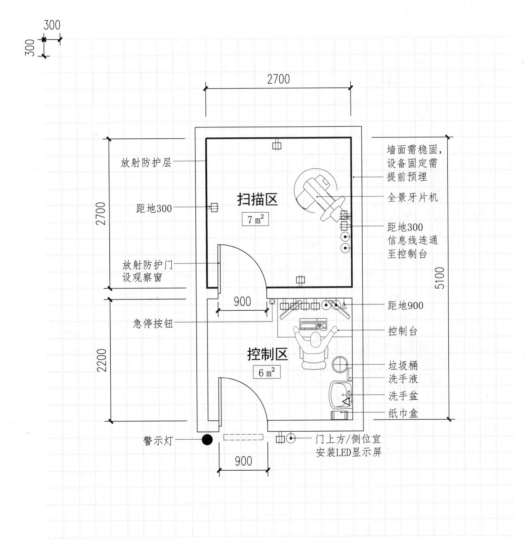

全景室平面布局图

图例: ⊟电源插座　◯呼叫　▷电话　⊗地漏
◁感应龙头　T电视　▯观片灯　◉网络

空间类别	医疗设备 装备及环境	房间编码
房间名称	全景室	R3300208

建筑要求	规格
净尺寸	开间×进深:2700×5100 面积:13 m², 高度:不小于2.6 m
装修	墙地面材料应便于清扫、擦洗,不污染环境 墙面应设防辐射层
门窗	扫描间采用X射线防护门、铅玻璃防护观察窗
安全私密	根据规范要求做好X射线防护措施

装备清单		数量	规格	备注
家具	控制台	1	700×1400×760	尺寸根据产品型号
	座椅	1	526×526	带靠背,可升降,可移动
	洗手盆	1	500×450×800	防水板、纸巾盒、洗手液、镜子(可选)
	垃圾桶	1	300	直径
				尺寸根据产品型号
设备	全景牙片机	1	1104×936×2196	质量350 kg,电源220 V/16 A
	工作站	1	600×500×950	包括显示器、主机、打印机
	显示屏	1	—	门口叫号显示屏
	警示灯	1	—	与扫描间的门联动

机电要求		数量	规格	备注
医疗气体	氧气(O)	—	—	
	负压(V)	—	—	
	正压(A)	—	—	
弱电	网络接口	5	RJ45	
	电话接口	1	RJ11	或综合布线
	电视接口	—	—	
	呼叫接口	—	—	
强电	照明	—	照度:300 lx,色温:3300~5300 K,显色指数:不低于80	
	电插座	11	220 V,50 Hz	五孔
	接地	—	—	
给排水	上下水	1	安装混水器	洗手盆
	地漏	—		
暖通	湿度/%		30~60	
	温度/℃		冬季:22~24;夏季:24~26	新风量满足规定要求
	净化		—	机械排风,排风量大于新风量

62.MRI-GRT（8 MV 直线加速器）

空间类别	医疗设备	房间编码
	空间及行为	
房间名称	MRI-GRT（8 MV直线加速器）	R3320105

说明： 直线加速器是用于癌症放射治疗的大型医疗设备，它通过产生X射线和电子线，对病人体内的肿瘤进行直接照射，从而达到消除或减小肿瘤的目的。MRI与直线加速器同室设置可更加有效、准确地对病灶部位进行诊断、定位和治疗（如泌尿系统和前列腺疾病治疗）。

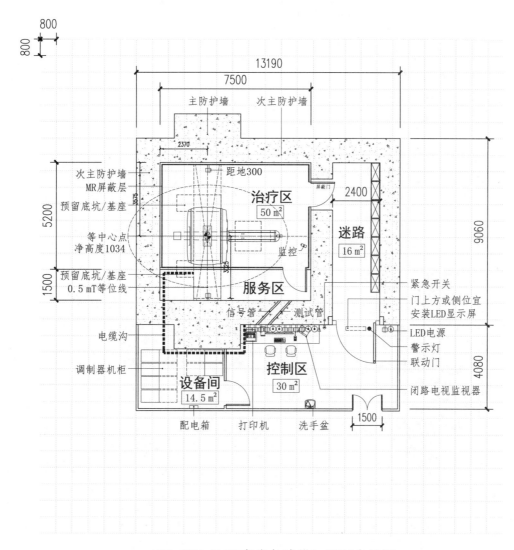

MRI-GRT（8 MV直线加速器）平面布局图

图例：⊟电源插座　⌒呼叫　▷电话　⊗地漏
◁感应龙头　Ｔ电视　⊡观片灯　⊙网络

续表

空间类别	医疗设备 装备及环境		房间编码
房间名称	MRI-GRT（8 MV 直线加速器）		R3320105

建筑要求		规格
净尺寸	治疗区	开间×进深:6700×7500，面积:50 m²，高度:不小于3 m（吊顶后净高）
	控制区	建议面积:30 m²，高度:不小于2.6 m
	机房	建议面积:14.5 m²，高度:不小于2.6 m
装修		室内环境应轻松舒适，以缓解病患心理压力
门窗	治疗区	门及观察窗应为辐射防护专业门窗。门尺寸不小于1800×2200
	控制区	门尺寸要求为1200×2000
安全私密		需注重放射线安全和防护，满足医护和患者两个人群的安全需求

装备清单		数量	规格	备注
家具	边台	1	—	尺寸根据产品型号
	座椅	2	—	尺寸根据产品型号
	储物柜	若干	—	尺寸根据产品型号
	洗手盆	1	500×450×800	防水板、纸巾盒、洗手液、镜子（可选）
设备	LED	1	—	尺寸根据产品型号
	基架	1	600×500×950	包括显示器、主机、打印机
	龙门轴承	1	2000×2800×2050	2000 kg
	警示灯	1	—	检查期间，警示灯处于开启状态
	频率发生器	1	1875×1975×2450	5500 kg
	治疗床	1	2311×762×914	726 kg
	监视器	1	—	220 V，50 Hz，1 A
	控制台	1	4877×965×914	电子柜3 A，控制台柜6 A，监视器1 A
	电子柜	1	—	220 V，50 Hz，3 A
	影像仪	1	—	电源380 V，待机功率1 kVA，功率47 kVA

机电要求		数量	规格	备注
医疗气体	氧气(O)	—	—	
	负压(V)	—	—	
	正压(A)	1	—	
弱电	网络接口	5	RJ45	设一个语音接口，用于医生同病患对话
	电话接口	1	RJ11	自备设备连接线缆沟内铺设
强电	照明	—	照度:200 lx，色温:3300～5300 K，显色指数:不低于85	
	设备电源	—	380 V，50 Hz	独立电缆，三相五线制
	电插座	11	220 V，50 Hz	五孔
	接地	1	—	要求设置设备专用PE线，且采用与供电电缆等截面的多股铜芯线
给排水	上下水	1	安装混水器	洗手盆
	地漏	—		

续表

空间类别	医疗设备 装备及环境		房间编码
房间名称	MRI-GRT（8 MV直线加速器）		R3320105

建筑要求	技术指标	
电缆沟1	尺寸（宽×深）	300×50
	位置说明	治疗区连接控制区、设备间
	内容说明	冷却水管、电力电缆、梯度电缆、信号电缆
电缆沟2	尺寸（宽×深）	100×50
	位置说明	控制区连接技术室
	内容说明	信号电缆

电源要求	技术指标	
直线加速器系统	输入电压	380 V±10%，50/60 Hz
		三相五线制（三相线、中性线、接地线）
	峰值功率	出束状态118 kVA，电流86 A
	标准功率	29.9 kVA

防护要求	技术指标
直线加速器系统	根据《放射治疗机房的辐射屏蔽规范 第3部分：γ射线源放射治疗机房》GBZ/T 201.3中的相关参数，10 MV设备机房的混凝土屏蔽设计主屏蔽墙厚2360，侧屏蔽墙厚1180，迷路内墙厚1070，外墙厚1040；有束主屏蔽顶厚1880

通风及温湿度要求	技术指标	
治疗室	温度要求	20～24 ℃
	湿度要求	40%～70%
	室内散热量	2 kW
	换气次数	不少于5次/小时，最小换气量400 m³/h
控制室	温度要求	18～24 ℃
	湿度要求	30%～70%
	室内散热量	2.5 kW
机房	温度要求	14～24 ℃
	湿度要求	30%～70%
	室内散热量	14 kW
	换气次数	不少于2次/小时
说明	1.根据房间的尺寸及空气循环效率的不同，每小时应进行6～12次的换气。在通风设计中，建议采用新风系统，而非循环系统。 2.此房间的排风系统要求独立管道并进行高空排放，具体要求应符合国家相关标准。 3.通风管在进出治疗室时，应穿过迷路门上方的通道，通风管布置得越高越好。在风道设计上，应尽量减少穿墙通道的面积，并且与防护墙或顶棚成45°角折线形式进入	

续表

空间类别	医疗设备	房间编码
	装备及环境	
房间名称	MRI-GRT（8 MV直线加速器）	R3320105

冷却水要求	技术指标	
加速器的冷却要求	最大热负荷（出束状态下）	40 kW
	最大总输入压力	100 PSI（7 kg/cm^2）
水冷机设置要求	治疗室到水冷机之间：水平距离应≤40 m；垂直距离应≤10 m	
	水冷机室内机与室外机之间：水平距离应≤40 m；垂直距离应≤10 m	
冷却水条件	1.冷却水进口的典型温度范围为10～25℃，在冷却系统的设计中，应消除形成结露的可能； 2.当水中不溶物少于100 mg/L，且实际pH值小于6.5或大于9.6时； 3.当水中不溶物为100～300 mg/L，且实际pH值小于8.2或大于11.2时； 4.当水中总不溶物少于100 mg/L，且实际pH值小于10.0或大于13.0时； 5.当氯化物或硫酸盐成分过高时，冷却水的最大乙二醇含量为30%	
补充说明	1.从水冷机到加速器之间预留2根直径2.5 cm的铜管。 2.水冷机一侧需与备用水源和排水用三通连接好，并安装阀门。 3.建议在治疗室内设置有冷水及热水的水槽；为维修加速器内部的水冷系统和排出扫描水箱中的水，需要设有下水道。在室内不应设置地漏，以防其冒水，淹没设备地坪上的凹坑。 4.请勿将水管直接通过加速器设备及控制台上方	

运输要求	技术指标	
通道尺寸	通道尺寸(高×宽)标准	2550×1200
	回转半径	2100
最大运输设备	单件最大尺寸	1100×2100×2050
	单件最大质量	6171 kg
补充说明	参考设备参数为8 MV直线加速器	

63. 后装治疗室

空间类别	医疗设备	房间编码
	空间及行为	
房间名称	后装治疗室	R3330103

说明： 锎-252中子后装治疗室是利用锎-252中子治疗机对肿瘤患者进行近距离放射治疗的场所，适用于治疗宫颈癌、子宫内膜癌、阴道及宫颈黑色素瘤、子宫肉瘤、阴道癌、食管癌、直肠癌、肛管癌，口腔涎腺肿瘤、鼻咽癌、口腔癌、喉癌、扁桃体癌及其他肿瘤如皮肤癌、软组织肿瘤、黑色素瘤等。此设备又称"中子刀"，其放射源为252Cf中子源（Californium 锎-252），半衰期为2.645年。此房间仅作为后装治疗房间，施源器置入、定位等均在专用房间完成。

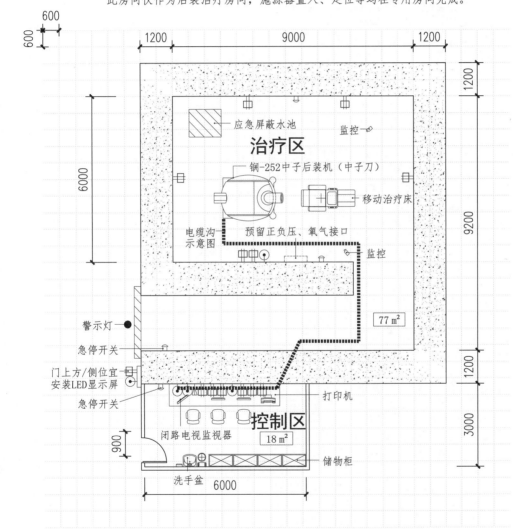

后装治疗室平面布局图

图例： ⊟电源插座 ○呼叫 ▷电话 ◎地漏
◁感应龙头 T电视 □观片灯 ⊙网络

空间类别	医疗设备 装备及环境		房间编码
房间名称	后装治疗室		R3330103

建筑要求		规格
净尺寸	治疗区	开间×进深：6000×9000，面积：54 m²，高度：不小于2.8 m
	控制区	建议面积：18 m²，高度：不小于2.6 m
装修		墙地面材料应便于清扫、擦洗，不污染环境
		顶棚应采用吸声材料
门窗		门应选用放射线防护专用门
安全私密		需注重放射线安全和防护，满足医护和患者两个人群的安全需求

装备清单		数量	规格	备注
家具	控制台	3	700×1400	T形桌，宜圆角
	座椅	1	526×526	带靠背，可升降，可移动
	洗手盆	1	500×450×800	防水板、纸巾盒、洗手液、镜子（可选）
	垃圾桶	1	300	直径
	储物柜	4	900×450×1850	尺寸根据产品型号
设备	工作站	3	600×500×950	包括显示器、主机、打印机
	显示屏	1	—	尺寸根据产品型号
	后装机	1	600×1500×1200	功率60 W，10 A；含放射源

机电要求		数量	规格	备注
医疗气体	氧气(O)	1	—	
	负压(V)	1	—	
	正压(A)	1	—	
弱电	网络接口	6	RJ45	
	电话接口	1	RJ11	或综合布线
	电视接口	—	—	
	呼叫接口	—	—	
强电	照明	—	照度：300 lx，色温：3300～5300 K，显色指数：不低于80	
	电插座	14	220 V，50 Hz	五孔
	接地	—	—	
给排水	上下水	1	安装混水器	洗手盆
	地漏	—		
暖通	湿度/%		30～60	
	温度/℃		18～26	
	净化		—	需采用一定的消毒方式

64. 甲状腺摄碘率测定室

空间类别	医疗设备	房间编码
	空间及行为	
房间名称	甲状腺摄碘率测定室	R3330206

说明：甲状腺摄碘率测定是利用放射性同位素的示踪技术，根据甲状腺对放射性药物（NaI$_{131}$）摄取的动态变化，诊断甲状腺摄碘功能。室内应配备相应的放射防护用品。

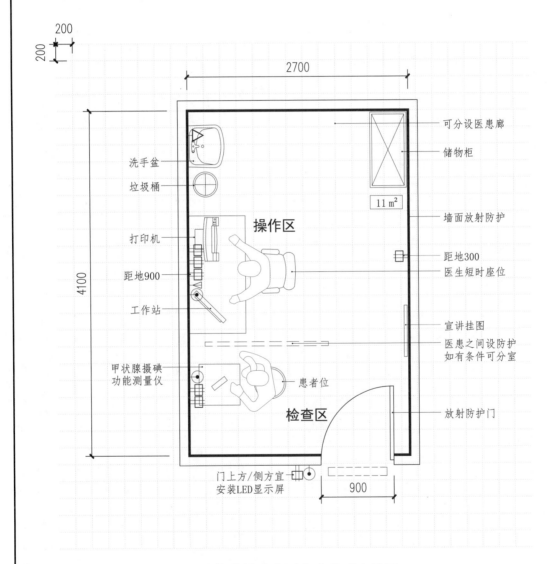

甲状腺摄碘率测定室平面布局图

图例：⊟电源插座 ○呼叫 ▷电话 ◎地漏
◁感应龙头 T电视 □观片灯 ⊙网络

空间类别	医疗设备 装备及环境	房间编码
房间名称	甲状腺摄碘率测定室	R3330206

建筑要求	规格
净尺寸	开间×进深:2700×4100
	面积:11 m², 高度:不小于2.6 m
装修	墙地面材料应便于清扫、擦洗,不污染环境
	墙面应设防护屏蔽层
门窗	门应选用放射线防护专用门
安全私密	需注重放射线安全和防护,满足医护和患者两个人群的安全需求

装备清单		数量	规格	备注
家具	诊桌	1	700×1400	尺寸根据产品型号
	诊椅	1	526×526	带靠背,可升降,可移动
	洗手盆	1	500×450×800	防水板、纸巾盒、洗手液、镜子(可选)
	垃圾桶	1	300	直径
	储物柜	1	900×450×1850	尺寸根据产品型号
	圆凳	1	380	直径
设备	工作站	1	600×500×950	包括显示器、主机、打印机
	显示屏	1	—	尺寸根据产品型号
	测量仪	1	—	甲状腺摄碘率测量

机电要求		数量	规格	备注
医疗气体	氧气(O)	—	—	
	负压(V)	—	—	
	正压(A)	—	—	
弱电	网络接口	3	RJ45	
	电话接口	1	RJ11	或综合布线
	电视接口	—	—	
	呼叫接口	—	—	
强电	照明	—	照度:300 lx, 色温:3300～5300 K, 显色指数:不低于80	
	电插座	8	220 V, 50 Hz	五孔
	接地	—		
给排水	上下水	1	安装混水器	洗手盆
	地漏	—		
暖通	湿度/%		30～60	
	温度/℃		冬季:22～24; 夏季:24～26	机械排风,经处理达标,宜高空排放
	净化		—	新风量满足规定要求

65.CT室

空间类别	医疗设备	房间编码
	空间及行为	
房间名称	CT室	R3330404

说明： 电子计算机断层扫描是利用X射线源围绕病人迅速旋转扫描得到数字图像的检查方法。房间布置中需考虑到设备的尺度、患者摆位，应能够通过控制室观察窗清晰地观察到正在接受检查的患者。房间的射线防护设计应符合《放射诊断放射防护要求》GBZ 130的相关规定，并需经国家相关部门审核，满足要求后方可进行施工。

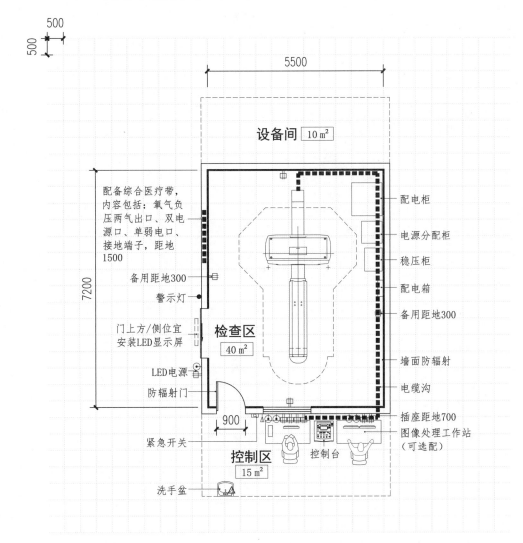

CT室平面布局图

图例： ⊟电源插座 ○呼叫 ▷电话 ⊗地漏
◁感应龙头 Ｔ电视 □观片灯 ⊙网络

空间类别	医疗设备	房间编码
	装备及环境	
房间名称	CT室	R3330404

建筑要求	规格	
净尺寸	开间×进深:5500×7200	
	面积:40 m², 高度:不小于2.8 m	
装修	顶棚应做活动吊顶,便于检修。墙地面装修应便于清洗和消毒	
	室内环境应轻松舒适,以缓解病患心理压力	
门窗	门及观察窗应为防辐射防护专业门窗	
	检查室:门尺寸不小于1300×2100,观察窗尺寸为1500×800	
	控制室:门尺寸要求为900×2000	
安全私密	放射线安全防护为设计的首要内容,需满足医护和患者两个人群的安全需求	

装备清单		数量	规格	备注
家具	工作台	2	700×1400	CT配套设备,尺寸据产品型号
	座椅	2	526×526	带靠背,可升降
	洗手盆	1	500×450	防水板、纸巾盒、洗手液、镜子(可选)
设备	工作站	1	—	尺寸根据产品型号
	LED	1	—	排队叫号使用
	警示灯	1	—	检查期间,警示灯处于开启状态
	CT主机	1	2380×931×1980	质量2230 kg
	CT检查床	1	2430×750×850	质量500 kg
	电源柜	1	900×691×1950	质量550 kg

机电要求		数量	规格	备注
医疗气体	氧气(O)	1	—	同病房标准
	负压(V)	1	—	同病房标准
	正压(A)	—	—	
弱电	网络接口	6	RJ45	设一个语音接口,用于医生同病患对话
	电话接口	1	RJ11	自备设备连接线缆沟内铺设
	电视接口	—	—	
	呼叫接口	—	—	
强电	照明	—	照度:200 lx, 色温:3300～5300 K, 显色指数:不低于80	
	电插座	14	220 V, 50 Hz	五孔
	接地	1	设备接地小于2Ω	要求设置设备专用PE线,且采用与供电电缆等截面的多股铜芯线
给排水	上下水	1	安装混水器	医生洗手盆宜供应热水
	地漏	—		
暖通	湿度/%		40～45	控制区宜优先采用自然通风
	温度/℃		18～26,最佳温度为22	空调系统可采用集中供应或独立供应,但要保证常年制冷,温度可控
	净化		无	应采用一定的消毒方式

续表

空间类别	医疗设备	房间编码
	装备及环境	
房间名称	CT室	R3330404

场地要求		技术指标	
地面	平整度要求	任意两点间水平差不超2 mm	
	地面基础	按设备要求进行准备	
		CT主机和检查床下制作基座，用于固定主机和床	
	检查区	房间地面可整体降板，降板要求是-200 mm	
电缆沟	电缆沟尺寸(宽×深)	300×200	检查区和控制区之间需做电缆沟
运输	最大运输设备尺寸	3190×931×1987	
	最大质量	2389 kg	参考西门子公司64排CT设备技术参数
	运输通道(宽×高)	1500（在通道为2400）×2100	

冷却水要求		技术指标
水冷系统	水温	2～16 ℃
	压力	1 MPa
	流速	700～5500 L/h
	温度梯度	0.5 ℃/min
补充说明		冷却水必须安装密闭水冷系统

66. 制水设备室

空间类别	医疗设备	房间编码
	空间及行为	
房间名称	制水设备室	R3450503

说明： 制水设备室是用于制取医疗特殊用水的房间。房间宜设置在清洁区，避免污染。
水处理设备应避免日光直射。设计中需考虑设备运行噪声对周围房间的影响。
地面承重应符合结构要求。

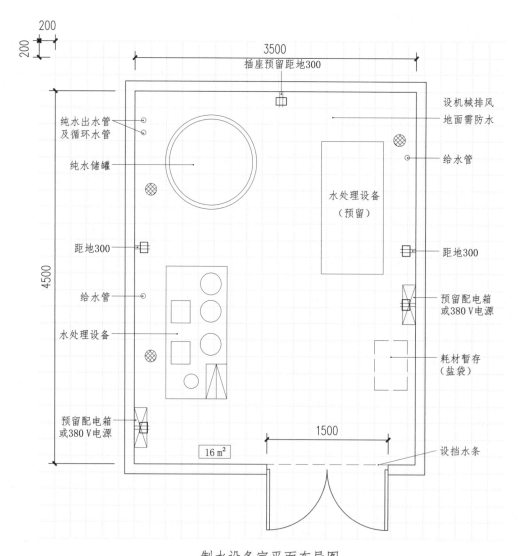

制水设备室平面布局图

图例： ⊞电源插座 ⌒呼叫 ▷电话 ⊗地漏
◁感应龙头 T电视 □观片灯 ⊙网络

空间类别	医疗设备 装备及环境	房间编码
房间名称	制水设备室	R3450503

建筑要求	规格
净尺寸	开间×进深:3500×4500 面积:16 m²,高度:不小于2.6 m
装修	墙地面材料应便于清扫、擦洗,不污染环境 顶棚应采用吸声材料
门窗	—
安全私密	—

装备清单		数量	规格	备注
家具				
设备	水处理设备	1	1460×780×1780	质量600 kg,功率11 kW,产水量2000 L
	纯水罐	1	1200	直径

机电要求		数量	规格	备注
医疗气体	氧气(O)	—	—	
	负压(V)	—	—	
	正压(A)	—	—	
弱电	网络接口	—	RJ45	
	电话接口	—	RJ11	或综合布线
	电视接口	—	—	
	呼叫接口	—	—	
强电	照明	—	照度:100 lx,色温:3300~5300 K,显色指数:不低于80
	电插座	3	220 V,50 Hz	五孔
	接地	—	—	
给排水	上下水	2	安装混水器	水处理设备,一用一备
	地漏	3	—	
暖通	湿度/%		30~60	
	温度/℃		21~26	机械排风系统
	净化		Ⅲ级净化,正压10 Pa	净化级别需根据用水要求调整

67. 耳鼻喉特需诊室

空间类别	医疗设备	房间编码
	空间及行为	
房间名称	耳鼻喉特需诊室	R3541111

说明： 耳鼻喉诊室是进行耳鼻喉专科诊疗的场所，医生一般需要借助耳鼻喉科专业检查台对患者进行检查和治疗，一般需要考虑专家、助手与患者的空间。房间应内预留内窥镜检查设备存放位。此室靠灯光和反光镜检查诊断，要避免阳光直射。

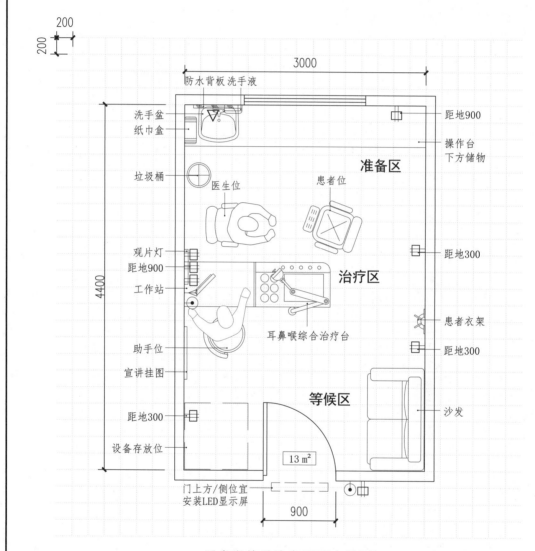

耳鼻喉特需诊室平面布局图

图例： ⊟电源插座 ◯呼叫 ▷电话 ⊗地漏
◁感应龙头 T电视 □观片灯 ◉网络

空间类别	医疗设备 装备及环境	房间编码
房间名称	耳鼻喉特需诊室	R3541111

建筑要求		规格
净尺寸	开间×进深:3000×4400	
	面积:13 m²,高度:不小于2.6 m	
装修	墙地面材料应便于清扫、擦洗,不污染环境	
	顶棚应采用吸声材料	
门窗	—	
安全私密	—	

装备清单		数量	规格	备注
家具	操作台	1	—	下方储物柜
	洗手盆	1	500×450×800	防水板、纸巾盒、洗手液、镜子(可选)
	垃圾桶	1	300	直径
	座椅	1	526×526	带靠背,可升降,可移动
	圆凳	1	380	带简易靠背,可升降
	衣架	1		尺寸根据产品型号
	沙发	1		尺寸根据产品型号
设备	工作站	1	600×500×950	包括显示器、主机、打印机
	显示屏	1	—	尺寸根据产品型号
	综合治疗台	1	980×650×1350	质量120 kg,功率1500 W,含工作台
	患者椅	1	700×650×950	质量90 kg,功率600 W

机电要求		数量	规格	备注
医疗气体	氧气(O)	—	—	
	负压(V)	—	—	
	正压(A)	—	—	
弱电	网络接口	2	RJ45	
	电话接口	1	RJ11	或综合布线
	电视接口	—	—	
	呼叫接口	—	—	
强电	照明	—	照度:300 lx,色温:3300～5300 K,显色指数:不低于80	
	电插座	9	220 V,50 Hz	五孔
	接地	—		
给排水	上下水	1	安装混水器	洗手盆
	地漏	—		
暖通	湿度/%		30～60	
	温度/℃		18～26	宜优先采用自然通风
	净化		—	新风量满足规定要求

68. 口腔 VIP 诊室

空间类别	医疗设备 空间及行为	房间编码
房间名称	口腔VIP诊室	R3550303

说明: 口腔VIP诊室是口腔专科针对特殊患者的治疗场所，医生一般需要借助专业牙椅对患者进行检查和治疗，空间一般考虑一名医生和护士共同参与检查治疗（四手操作）。室内设置牙椅，需要考虑设备情况预留电源、上下水、正压气体、负压气体、数据传输等条件。

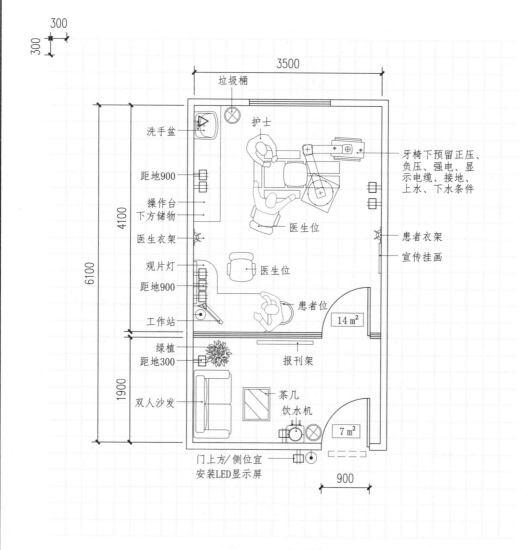

口腔VIP诊室平面布局图

图例: ⊟电源插座 ⌒呼叫 ▷电话 ⊗地漏
◁感应龙头 Ⓣ电视 □观片灯 ●网络

空间类别	医疗设备 装备及环境	房间编码
房间名称	口腔VIP诊室	R3550303

建筑要求	规格	
净尺寸	开间×进深:3500×6100 面积:21 m²,高度:不小于2.6 m	
装修	墙地面材料应便于清扫、擦洗,不污染环境 顶棚应采用吸声材料	
门窗	—	
安全私密	—	

装备清单		数量	规格	备注
家具	诊桌	1	700×1200	L形桌,宜圆角
	垃圾桶	2	300	直径
	座椅	2	526×526	带靠背,可升降,可移动
	洗手盆	1	500×450×800	防水板、纸巾盒、洗手液、镜子(可选)
	操作台	1	—	尺寸根据产品型号
	圆凳	1	—	尺寸根据产品型号
	双人沙发	1	—	尺寸根据产品型号
	衣架	2	—	尺寸根据产品型号
	饮水机	1	—	尺寸根据产品型号
	茶几	1	—	尺寸根据产品型号
设备	工作站	1	600×500×950	包括显示器、主机、打印机
	牙椅	1	—	尺寸根据产品型号
	观片灯	1		

机电要求		数量	规格	备注
医疗气体	氧气(O)	—	—	
	负压(V)	1	—	牙科专用气体
	正压(A)	1	—	牙科专用气体
弱电	网络接口	2	RJ45	
	电话接口	1	RJ11	或综合布线
	电视接口	—	—	
	呼叫接口	—	—	
强电	照明	—	照度:300 lx,色温:3300~5300 K,显色指数:不低于80	
	电插座	11	220 V,50 Hz	五孔
	接地	1		
给排水	上下水	1	安装混水器	洗手盆
	地漏	—		
暖通	湿度/%		30~60	
	温度/℃		18~26	宜优先采用自然通风
	净化		—	新风量满足规定要求

69. 内镜洗消室

空间类别	医疗设备	房间编码
	空间及行为	
房间名称	内镜洗消室	R3570608

说明: 内镜洗消室是用于内镜清洗消毒的房间，是内镜中心的配套辅助用房。下图为
消化内镜清洗室（上、下消化道），室内分为污染区和清洁区，内镜从污染区
入口回收，清洗消毒干燥后经清洁区出口送至储镜室。清洗消毒机为成品设备，
房间需预留上下水、网络、电源接口。

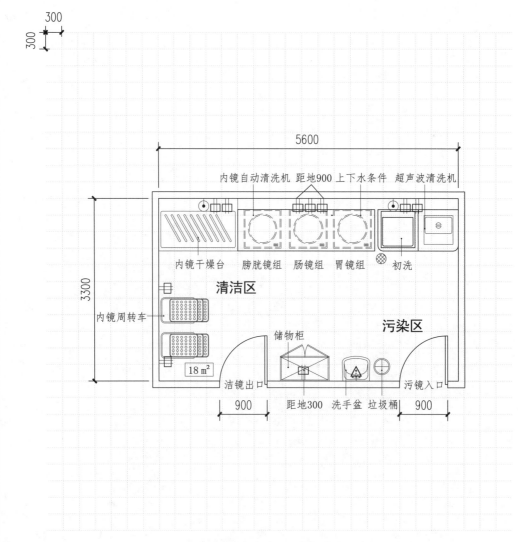

内镜洗消室平面布局图

图例: ⊟电源插座 ◠呼叫 ▷电话 ⊗地漏
◁感应龙头 T电视 ☐观片灯 ◉网络

空间类别	医疗设备	房间编码
	装备及环境	
房间名称	内镜洗消室	R3570608

建筑要求	规格
净尺寸	开间×进深:5600×3300 面积:18 m², 高度:不小于2.6 m
装修	墙地面材料应便于清扫、冲洗,不污染环境 顶棚应采用吸声、防潮材料
门窗	—
安全私密	—

装备清单		数量	规格	备注
家具	洗手盆	1	900×450×800	宜配备防水板、镜子、纸巾盒、洗手液
	垃圾桶	1	300	直径
	储物柜	1	900×450×1850	尺寸根据产品型号
	内镜周转车	2	900×500×750	内镜周转车三层
	初洗池	1	500×450×320	尺寸根据产品型号
设备	自动清洗机	3	740×650×940	内镜自动清洗机,功率1.5 W
	超声清洗机	1	800×705×800	功率2 kW,冲洗槽560×450×320
	内镜干燥台	1	1050×750×1500	尺寸根据产品型号

机电要求		数量	规格	备注
医疗气体	氧气(O)	—	—	
	负压(V)	—	—	
	正压(A)	1	—	喷洗枪动力,可设备自带
弱电	网络接口	2	RJ45	
	电话接口	—	RJ11	或综合布线
	电视接口	—	—	
	呼叫接口	—	—	
强电	照明	—	照度:300 lx, 色温:3300~5300 K, 显色指数:不低于80
	电插座	11	220 V, 50 Hz	五孔
	接地	—	—	
给排水	上下水	3	安装混水器	洗手盆、初洗池;清洗设备需供应纯水
	地漏	1		
暖通	湿度/%		30~60	
	温度/℃		18~26	需设置机械排风
	净化		—	房间设置消毒措施

70. 储镜室

空间类别	医疗设备 空间及行为	房间编码
房间名称	储镜室	R3570609

说明： 内镜储镜室用于存放内镜。内部设置清洁储镜柜，应邻近内镜洗消室设置。

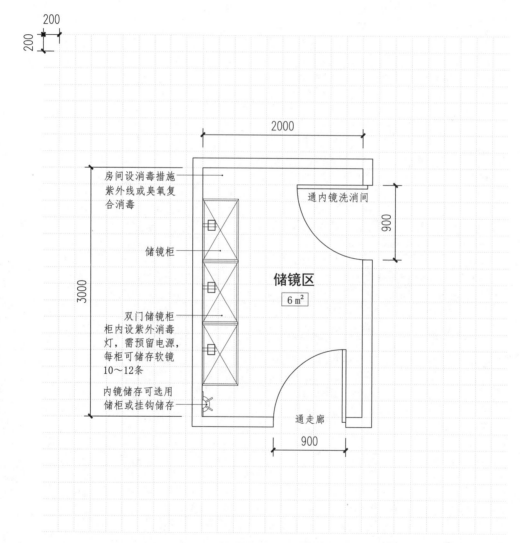

储镜室平面布局图

图例：⊟电源插座　◯呼叫　▷电话　⊗地漏
　　　◁感应龙头　T电视　⊞观片灯　⊙网络

空间类别	医疗设备 装备及环境	房间编码
房间名称	储镜室	R3570609

建筑要求	规格
净尺寸	开间×进深:2000×3000 面积:6 m²,高度:不小于2.6 m
装修	墙地面材料应便于清扫、擦洗,不污染环境 顶棚应采用吸声材料
门窗	—
安全私密	房间内有清洁要求

装备清单		数量	规格	备注
家具	挂钩	若干	—	尺寸根据产品型号
设备	双门储镜柜	3	1120×550×2060	功率100 W,内设紫外线消毒

机电要求		数量	规格	备注
医疗气体	氧气(O)	—	—	
	负压(V)	—	—	
	正压(A)	—	—	
弱电	网络接口	—	RJ45	
	电话接口	—	RJ11	或综合布线
	电视接口	—	—	
	呼叫接口	—	—	
强电	照明	—	照度:300 lx,色温:3300~5300 K,显色指数:不低于80	
	电插座	3	220 V,50 Hz	五孔
	接地	—		
给排水	上下水	—	安装混水器	
	地漏	—		
暖通	湿度/%		30~60	
	温度/℃		18~26	
	净化	—		房间设置消毒措施

71. 回旋加速器室

空间类别	加工实验	房间编码
	空间及行为	
房间名称	回旋加速器室	R4010201

说明: 回旋加速器是利用磁场和电场的共同作用使带电粒子作回旋运动,并在运动中被高频电场反复加速的仪器。回旋加速器是产生各种医用正电子放射性同位素药物的装置,该药物作为示踪剂注入人体后,医生即可通过PET/CT灯显像设备观察到患者脑、心,以及全身其他器官、肿瘤组织的生理和病理及代谢情况,达到对疾病的早期监测与预防。本图为非自屏蔽型回旋加速器布置示意。

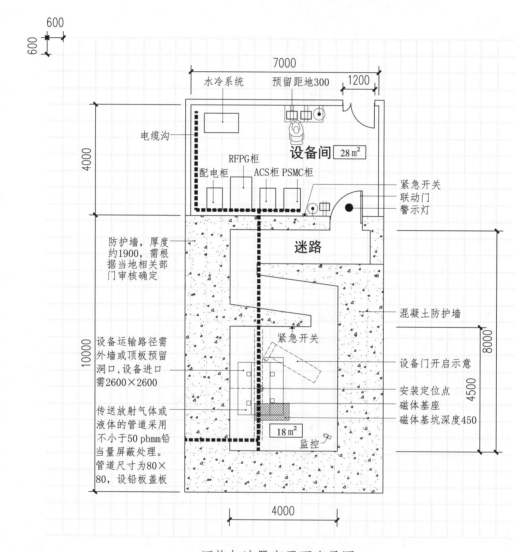

回旋加速器室平面布局图

图例: ⊞电源插座　○呼叫　▷电话　⊗地漏
⊲感应龙头　Ⓣ电视　▢观片灯　◉网络

空间类别	加工实验	房间编码	
	装备及环境		
房间名称	回旋加速器室	R4010201	

建筑要求		规格
净尺寸	加速器室	开间×进深×高度：5000×4000×3000，面积：18 m²（不含迷路）
	设备间	开间×进深×高度：7000×4000×3000，面积：28 m²
装　修		墙地面装修应便于清洗和消毒
		顶棚应做活动吊顶，便于检修
门　窗		应为防辐射防护专业门窗
		门尺寸不小于1200×2100
安全私密		放射线安全防护为设计的首要内容，需满足医护的安全需求

装备清单		数量	规格	备注
家具	工作台	1	700×1400	尺寸根据产品型号
	座椅	1	526×526	尺寸根据产品型号
设备	回旋加速器	1	1900×1700×2100	20000 kg
	RFPG柜	1	800×1200×1800	750 kg
	ACS柜	1	800×600×1800	250 kg
	PSMC柜	1	800×600×1800	700 kg
	水冷系统	1	1300×700×1500	400 kg
	警示灯	1	—	
	监控摄像	1	—	

机电要求		数量	规格	备注
医疗气体	氧气(O)	—	—	
	负压(V)	—	—	
	正压(A)	—	—	载气需单独供应
弱电	网络接口	5	RJ45	
	电话接口	—	RJ11	或综合布线
	电视接口	—		
	呼叫接口	—		
强电	设备电源	—	380 V，50 Hz独立电缆	曝光功率135 kW，待机功率0.5 kW
	照明	—	照度：500 lx，色温：3300~5300 K，显色指数：不低于85
	电插座	10	220 V，50 Hz	五孔
	接地	1	小于1Ω	设置设备专用PE线，与供电电缆等截面
给排水	上下水	1	—	水冷系统供水
	地漏			
暖通	湿度/%		30~60	
	温度/℃		18~25，最佳为22	空调系统需保证常年制冷需求
	净化		—	应采用一定的消毒方式

续表

空间类别	加工实验 装备及环境	房间编码	
房间名称	回旋加速器室	R4010201	

电源要求	技术指标	
强电要求	380 V，50 Hz	三相五线制（三相动力电，零线，接地线）
	最高功率：105 kVA	专线供电，推荐使用专用变压器容量150 A
补充说明	1.操作间、设备间、回旋加速器室需要各安装一个连接到配电柜的紧急开关，便于紧急情况时切断系统电源； 2.部分线路通过桥架顶部进入，包含：电缆ϕ120（4条）、通储气室气瓶ϕ100、通放化室ϕ50、压缩空气ϕ25、冷水管道ϕ60（3条）、控制连线ϕ50、辐射监控线ϕ50、紧急开关连线ϕ50。 需预留穿墙孔或预埋管路	

温湿度要求	技术指标		
	温度要求	湿度要求	室内散热量
回旋加速器室	18～25 ℃	30%～60%	1.85 kW
设备间	18～25 ℃	30%～60%	3.05 kW

气体要求	技术指标	
压缩空气	压力	0.5～0.7 MPa
	流量	150 L/min
说明	压缩空气要求为：洁净、干燥、无油	

冷却水要求	技术指标	
水冷系统	水温	14 ℃
	最大压力	1 MPa
	流速	120 L/min
	冷却能力	80 kW
	负载变化范围	4～70 kW
	连接尺寸	DN32

运输要求	技术指标	
通道尺寸	通道宽度	2000×2300
	预留墙面开口	2600×2600，供设备进入
最大运输设备	单件最大尺寸	1900×1700×1200
	单件最大质量	20000 kg
补充说明	参考医用回旋加速器设备技术参数	

72. 分装室

空间类别	加工实验	房间编码
	空间及行为	
房间名称	分装室	R4010301

说明：　核医学分装室是进行放射性药品分装操作的场所。采用分装热室设备，需要在满足药品辐射防护的同时，满足分装操作的洁净度要求（配剂I级，原100级，GMP标准中的ClassA级）。房间内有净化要求。

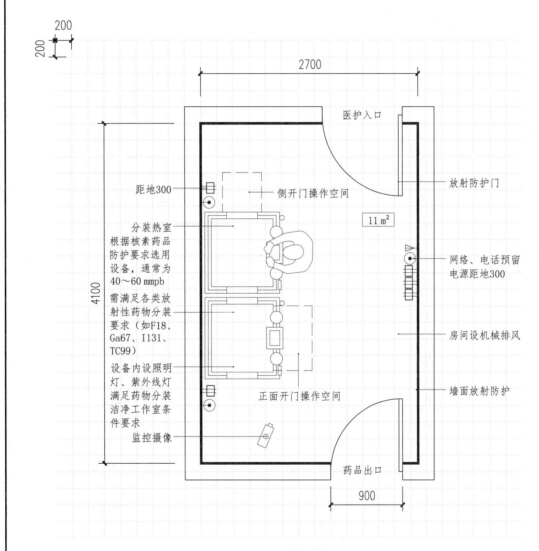

分装室平面布局图

图例：⊟电源插座　○呼叫　▷电话　◉地漏

◁感应龙头　T电视　□观片灯　◉网络

空间类别	加工实验 装备及环境	房间编码
房间名称	分装室	R4010301

建筑要求	规格
净尺寸	开间×进深:2700×4100 面积:11 m²,高度:不小于2.6 m
装修	墙地面材料应便于清扫,不污染环境
门窗	—
安全私密	房间需设置放射防护

装备清单		数量	规格	备注
家具				
设备	分装热室	2	1050×900×1950	质量3800 kg(根据铅防护量确定);电 源220 V、16 A;需满足GMP标准中ClassA 级层流洁净和手套式生物安全设计

机电要求		数量	规格	备注
医疗 气体	氧气(O)	—	—	
	负压(V)	—	—	
	正压(A)	—	—	
弱电	网络接口	3	RJ45	
	电话接口	1	RJ11	或综合布线
	电视接口	—	—	
	呼叫接口	—	—	
强电	照明	—	照度:300 lx,色温:3300～5300 K,显色指数:不低于80	
	电插座	5	220 V,50 Hz	五孔
	接地	—	—	
给排水	上下水	—	安装混水器	洗手盆
	地漏	—	—	
暖通	湿度/%		30～60	
	温度/℃		冬季:20～24;夏季:23～26	新风量满足规定需求
	净化		室内洁净度宜为Ⅲ级,热室操作柜内洁净度为Ⅰ级(GMP标准中的ClassA)	

73. 储源室

空间类别	加工实验	房间编码
	空间及行为	
房间名称	储源室	R4010303

说明： 储源室是核医学检查或治疗中存储核素药品的房间。医用核素药品的存储、出库应进行严格的登记，人员进入必须登记，并佩戴剂量计和报警仪。

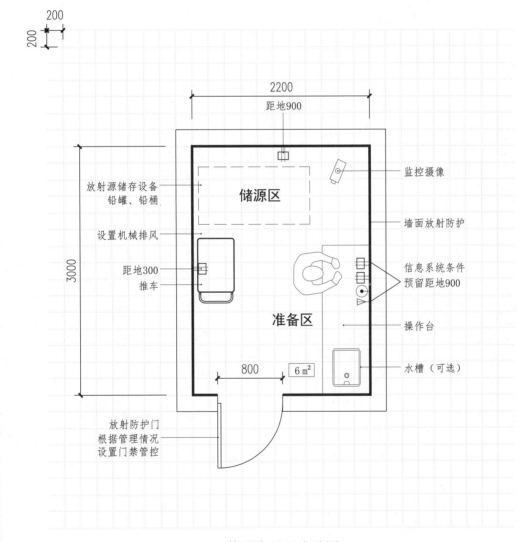

储源室平面布局图

图例： ⊟电源插座　◯呼叫　▷电话　⊗地漏
◁感应龙头　Ｔ电视　⊡观片灯　◉网络

空间类别	加工实验	房间编码
	装备及环境	
房间名称	储源室	R4010303

建筑要求	规格
净尺寸	开间×进深:2200×3000
	面积:6 m²,高度:不小于2.6 m
装修	墙地面材料应便于清扫、擦洗,不污染环境
	顶棚应采用吸声材料
门窗	门需采用放射防护门,设置门禁系统管控
安全私密	房间需设置放射防护

装备清单		数量	规格	备注
家具	操作台	1	1800×700×760	尺寸根据产品型号
	水槽	1	520×450×260	(选配)上下水管进入需放射防护处理
	推车	1	620×420×750	单层推车
设备	铅罐铅筒	若干	—	尺寸根据产品型号

机电要求		数量	规格	备注
医疗气体	氧气(O)	—	—	
	负压(V)	—	—	
	正压(A)	—	—	
弱电	网络接口	1	RJ45	
	电话接口	1	RJ11	或综合布线
	电视接口	—	—	
	呼叫接口	—	—	
强电	照明	—	照度:300 lx,色温:3300~5300 K,显色指数:不低于80
	电插座	4	220 V,50 Hz	五孔
	接地	—	—	
给排水	上下水	1	安装混水器	水槽
	地漏			
暖通	湿度/%		30~60	
	温度/℃		18~26	需设置机械排风
	净化		—	

74. 精子处理室

空间类别	加工实验	房间编码
	空间及行为	
房间名称	精子处理室	R4020103

说明: 精子处理室是用于取精后的处理除杂、筛选及实验诊断的房间。房间是生殖医学中心的实验用房,与取精室相邻设置,其间设置互锁传递窗。房间灯光需特殊设计,亮度需可调节,精子对光线敏感,强光易造成精子死亡。

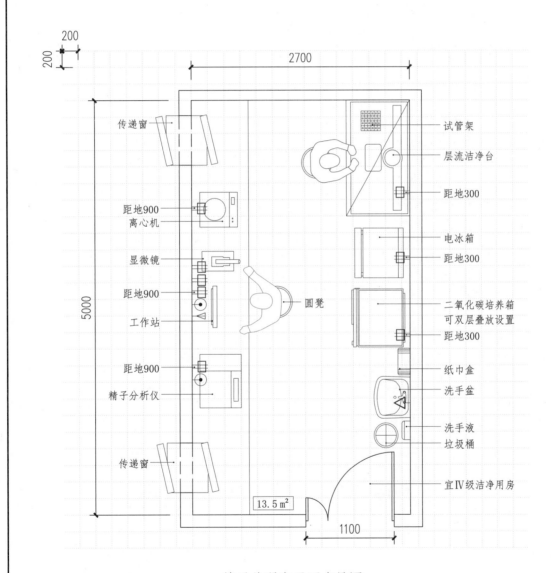

精子处理室平面布局图

图例: ⊞电源插座 ⌒呼叫 ▷电话 ⊗地漏
◁感应龙头 T电视 □观片灯 ⊙网络

空间类别	加工实验	房间编码
	装备及环境	
房间名称	精子处理室	R4020103

建筑要求	规格
净尺寸	开间×进深:2700×5000 面积:13.5 m², 高度:不小于2.6 m
装修	墙地面材料应便于清扫、擦洗,不污染环境 房间灯光需特殊设计,强光易造成精子死亡,灯光亮度需可调
门窗	外窗应设置遮光帘,避免阳光照射
安全私密	房间如果为落地窗,应设置安全栏杆保护医患安全

装备清单		数量	规格	备注
家具	边台	1	600×5000×760	宜圆角
	圆凳	2	380	直径
	洗手盆	1	500×450×800	防水板、纸巾盒、洗手液、镜子(可选)
	垃圾桶	1	300	直径
设备	互锁传递窗	2	785×600×690	功率750 W, 可选蜂鸣器、对讲机
	层流洁净台	1	1100×750×1720	质量120 kg, 功率320 W, 100级洁净
	CO₂培养箱	1	600×660×1210	质量110 kg, 功率145 W, 控温5~50℃
	冰箱	1	600×550×1650	质量55 kg
	离心机	1	340×480×275	低速台式离心,电源5 A,质量22 kg
	生物显微镜	1	233×411×368	质量8 kg, 功率18.5 W, 卤素灯6 V/20 W
	工作站	1	600×500×950	包括显示器、主机、打印机
	精子分析仪	1	—	精子质量影像采集系统

机电要求		数量	规格	备注
医疗气体	氧气(O)	—	—	
	负压(V)	—	—	
	正压(A)	—	—	
弱电	网络接口	2	RJ45	
	电话接口	1	RJ11	或综合布线
	电视接口	—	—	
	呼叫接口	—	—	
强电	照明	—	照度:100 lx, 色温:3300~5300 K, 显色指数:不低于80	
	电插座	9	220 V, 50 Hz	五孔
	接地	—		
给排水	上下水	1	安装混水器	洗手盆
	地漏	—		
暖通	湿度/%		40~45	
	温度/℃		冬季:21~22, 夏季:26~27	
	净化		—	宜为IV级洁净用房

75. 血气分析实验室

空间类别	加工实验	房间编码
	空间及行为	
房间名称	血气分析实验室	R4020211

说明： 血气分析实验室是对血液的酸碱度(pH)、二氧化碳分压(PCO_2)和氧分压(PO_2)等相关数据指标进行测定、分析的功能房间。血气分析的最佳标本是动脉血，在医学上常用于判断机体是否存在酸碱平衡失调以及缺氧和缺氧程度等。

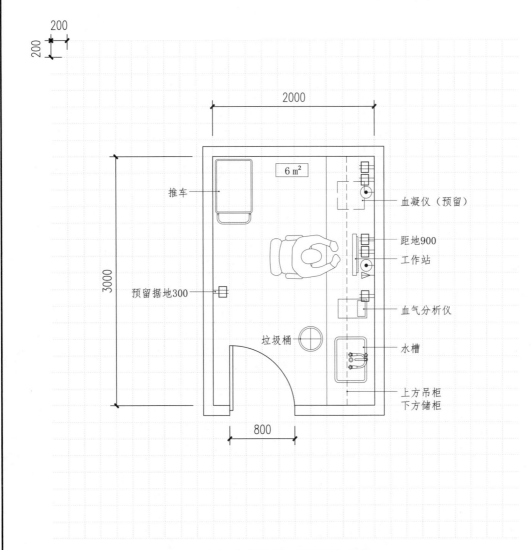

血气分析实验室平面布局图

图例： ⊟电源插座　⊖呼叫　▷电话　◎地漏
⊲感应龙头　Ｔ电视　⊡观片灯　◉网络

空间类别	加工实验 装备及环境	房间编码	
房间名称	血气分析实验室	R4020211	

建筑要求	规格
净尺寸	开间×进深:2000×3000 面积:6 m²,高度:不小于2.6 m
装修	墙地面材料应便于清扫、擦洗,不污染环境 顶棚应采用吸声材料
门窗	—
安全私密	—

装备清单		数量	规格	备注
家具	边台吊柜	1	3000×700×760	尺寸根据产品型号
	推车	1	620×420×750	尺寸根据产品型号
	水槽	1	520×450×260	尺寸根据产品型号
	垃圾桶	1	300	直径
	座椅	1	526×526	带靠背,可升降,可移动
设备	工作站	1	600×500×950	包括显示器、主机、打印机
	血气分析仪	1	180×370×320	全自动血气分析仪
	血凝仪	1	327×113×302	尺寸根据产品型号

机电要求		数量	规格	备注
医疗 气体	氧气(O)	—	—	
	负压(V)	—	—	
	正压(A)	—	—	
弱电	网络接口	2	RJ45	
	电话接口	1	RJ11	或综合布线
	电视接口	—	—	
	呼叫接口	—	—	
强电	照明	—	照度:500 lx,色温:3300~5300 K,显色指数:不低于80	
	电插座	6	220 V,50 Hz	五孔
	接地	—		
给排水	上下水	1	安装混水器	洗手盆
	地漏	—		
暖通	湿度/%		40~45	
	温度/℃		冬季:21~22,夏季:26~27	设置机械排风系统
	净化		—	应采用一定的消毒方式

76. 电泳室

空间类别	加工实验	房间编码
	空间及行为	
房间名称	电泳室	R4020217

说明: 电泳室内配置电泳仪、离心机、微波炉、凝胶成像仪等设备，主要用于电泳试验。

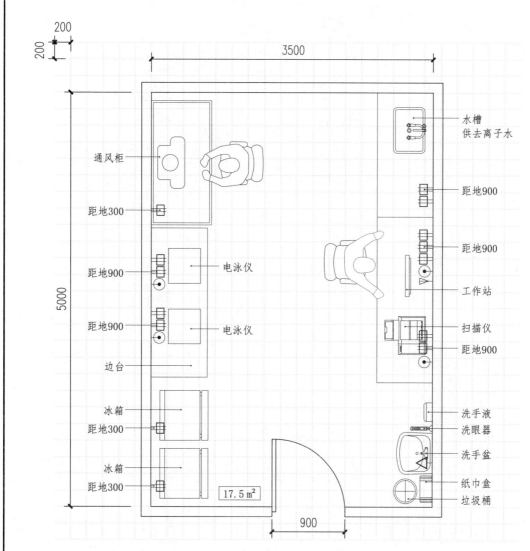

电泳室平面布局图

图例: ⊟电源插座 ◯呼叫 ▷电话 ⊗地漏
◁感应龙头 Ⓣ电视 ⊡观片灯 ⊙网络

空间类别	加工实验 装备及环境	房间编码	
房间名称	电泳室	R4020217	

建筑要求		规格
净尺寸		开间×进深:3500×5000
		面积:17.5 m²,高度:不小于2.6 m
装修		墙地面材料应便于清扫、擦洗,不污染环境
		顶棚应采用吸声材料
门窗		—
安全私密		—

装备清单		数量	规格	备注
家具	边台	2	—	尺寸根据产品型号
	水槽	1	520×450×260	尺寸根据产品型号
	座椅	2	526×526	带靠背,可升降,可移动
	洗手盆	1	500×450×800	防水板、纸巾盒、洗手液、镜子(可选)
	垃圾桶	1	300	直径
	洗眼器	1	—	尺寸根据产品型号
设备	工作站	1	600×500×950	包括显示器、主机、打印机
	扫描仪	1	—	尺寸根据产品型号
	通风柜	1	—	尺寸根据产品型号
	电泳仪	3	—	尺寸根据产品型号
	冰箱	2	—	尺寸根据产品型号

机电要求		数量	规格	备注
医疗气体	氧气(O)	—	—	
	负压(V)	—	—	
	正压(A)	—	—	
弱电	网络接口	4	RJ45	
	电话接口	1	RJ11	或综合布线
	电视接口	—	—	
	呼叫接口	—	—	
强电	照明	—	照度:500 lx,色温:3300~5300 K,显色指数:不低于80	
	电插座	15	220 V,50 Hz	五孔
	接地	—		
给排水	上下水	2	安装混水器	洗手盆、水槽
	地漏	—		
暖通	湿度/%		30~65	
	温度/℃		冬季:20~24;夏季:23~26	设置机械排风系统,处理达标后排放
	净化		新风量满足规定要求	

77.PCR 实验室

空间类别	加工实验	房间编码
	空间及行为	
房间名称	PCR实验室	R4020405

说明： PCR实验室，即基因扩增实验室。PCR是聚合酶链式反应(Polymerase Chain Reaction)的简称，用于扩增特定的DNA片段，是生物体外的特殊DNA复制。房间需设置缓冲区，防止污染。

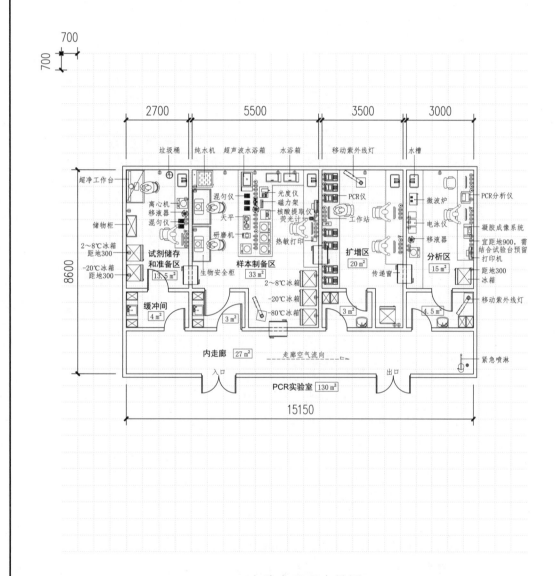

PCR实验室平面布局图

图例： 电源插座 ◯呼叫 ▷电话 ⊗地漏
⊲感应龙头 T电视 ▢观片灯 ⊙网络

空间类别	加工实验	房间编码
	装备及环境	
房间名称	PCR实验室	R4020405

建筑要求	规格
净尺寸	开间×进深：15150×8600 面积：130 m²，高度：不小于2.6 m
装修	墙地面材料应便于清扫、擦洗，不污染环境
门窗	—
安全私密	—

装备清单		数量	规格	备注
家具	座椅	10	526×526	带靠背，可升降，可移动
	边台	8	—	整体式操作台
	洗手盆	4	500×450×800	尺寸根据产品型号
	水槽	4	620×450×260	尺寸根据产品型号
	垃圾桶	1	300	直径
	储物柜	1	700×1850	
	更衣柜	8	—	尺寸根据产品型号
设备	冰箱	7	525×475×1208	尺寸根据产品型号
	超净台	1	1100×750×1720	功率320 W，质量120 kg，洁净度100级
	生物安全柜	2	1420×815×1540	功率690 W，质量283 kg（参考）
	天平	1	—	尺寸根据产品型号
	工作站	6	600×500×950	包括显示器、主机
	移动紫外灯	3	—	尺寸根据产品型号
	PCR仪	7	—	尺寸根据产品型号
	PCR分析仪	1	—	尺寸根据产品型号
	离心机	6	530×430×330	尺寸根据产品型号
	微波炉	1	—	尺寸根据产品型号
	电泳仪	3	—	尺寸根据产品型号
	混匀仪	5	—	尺寸根据产品型号
	热敏打印机	1	—	尺寸根据产品型号
	打印机	1	—	尺寸根据产品型号
	荧光计	1	—	尺寸根据产品型号
	核酸提取仪	1	—	尺寸根据产品型号
	水浴箱	1	—	超声波
	恒温水浴箱	2	690×390×190	数显恒温水浴锅，功率1500 W（参考）
	移液器	3	—	尺寸根据产品型号
	磁力架	1	—	尺寸根据产品型号
	研磨机	1	—	尺寸根据产品型号
	纯水机	3	—	尺寸根据产品型号
	凝胶成像仪	1	—	尺寸根据产品型号
	互锁传递窗	4	760×660×660	功率750 W，可选蜂鸣器、对讲机

续表

空间类别	加工实验 装备及环境		房间编码	
房间名称	PCR实验室		R4020405	

装备清单		数量	规格	备注
设备	UPS电源	1	—	
	光度仪	1	—	
	紧急喷淋	1	—	

机电要求		数量	规格	备注
医疗气体	氧气(O)	—	—	
	负压(V)	—	—	
	正压(A)	—	—	
弱电	网络接口	18	RJ45	
	电话接口	4	RJ11	或综合布线
	电视接口	—	—	
	呼叫接口	—	—	
强电	照明	—	照度:500 lx，色温:3300～5300 K，显色指数:不低于80	
	电插座	77	220 V，50 Hz	五孔
	接地	—	—	
给排水	上下水	9	安装混水器	洗手盆、紧急喷淋
	地漏	1		
暖通	湿度/%		30～65	
	温度/℃		21～26	净化洁净度满足规范要求
	净化	独立的机械排风系统（排风机与净化空调机组联动运行）		

78. 放射免疫分析室

空间类别	加工实验 空间及行为	房间编码
房间名称	放射免疫分析室	R4020409

说明: 放射免疫分析室是进行放射性药品检验分析的房间。实验操作中医护人员应采取一定的防辐射措施。检验标本为静脉采血，若远离采血区，需规划标本运输流程。

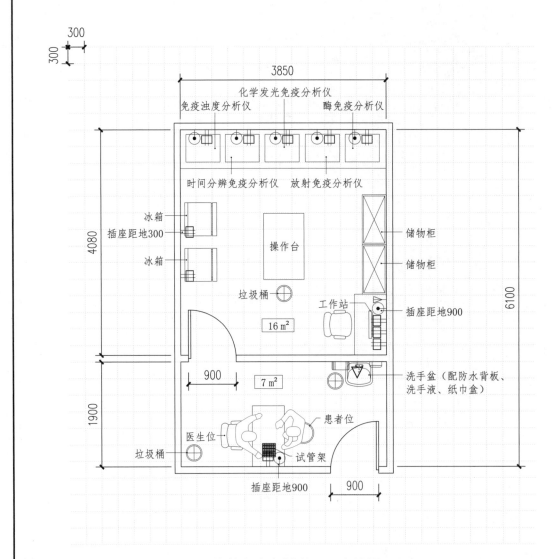

放射免疫分析室平面布局图

图例: ▯电源插座 ○呼叫 ▷电话 ◎地漏
◁感应龙头 T电视 ▯观片灯 ⊙网络

空间类别	加工实验	房间编码
	装备及环境	
房间名称	放射免疫分析室	R4020409

建筑要求	规格
净尺寸	开间×进深:3850×6100
	面积:23 m²,高度:不小于2.6 m
装修	墙地面材料应便于清扫、擦洗,不污染环境
	顶棚应采用吸声材料
门窗	门应设置非通视窗,可以自然采光和通风
安全私密	—

装备清单		数量	规格	备注
家具	诊桌	2	—	尺寸根据产品型号
	储物柜	2	—	尺寸根据产品型号
	边台	1	—	尺寸根据产品型号
	垃圾桶	3	300	直径
	诊椅	2	526×526	带靠背,可升降,可移动
	洗手盆	1	500×450×800	防水板、纸巾盒、洗手液、镜子(可选)
	圆凳	1	380	直径
	操作台	1		
设备	试管架	1	—	尺寸根据产品型号
	工作站	1	600×500×950	包括显示器、主机、打印机
	冰箱	2	—	尺寸根据产品型号
	分析仪	5	—	尺寸根据产品型号

机电要求		数量	规格	备注
医疗气体	氧气(O)	—	—	
	负压(V)	—	—	
	正压(A)	—	—	
弱电	网络接口	7	RJ45	
	电话接口	1	RJ11	或综合布线
	电视接口	—	—	
	呼叫接口	—	—	
强电	照明	—	照度:500 lx,色温:3300~5300 K,显色指数:不低于80
	电插座	12	220 V,50 Hz	五孔
	接地	—		
给排水	上下水	1	安装混水器	洗手盆
	地漏			
暖通	湿度/%		30~65	
	温度/℃		冬季:20~24;夏季:23~26	设置机械排风系统,处理达标后排放
	净化		新风量满足规定要求	

79.PI 实验室

空间类别	加工实验	房间编码
	空间及行为	
房间名称	PI实验室	R4020412

说明：　PI制是现代科学技术活动的一种组织形式，它以某个学术带头人为核心，适度
配备人力、装备、资金等资源。在这个组织单元中，学术带头人处于至高地位，
负有保持单元存在、持续与发展的责任。

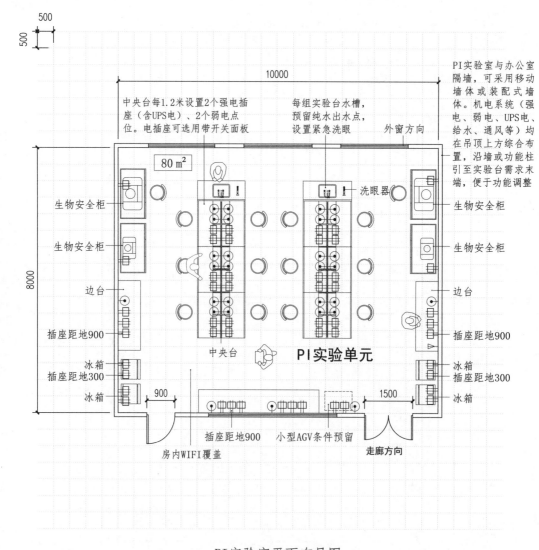

PI实验室平面布局图

图例：⊟ 电源插座　◠ 呼叫　▷ 电话　⊗ 地漏

◁ 感应龙头　Ｔ 电视　⊓ 观片灯　⊙ 网络

空间类别	加工实验 装备及环境	房间编码	
房间名称	PI实验室	R4020412	

建筑要求	规格
净尺寸	开间×进深：13000×6000 面积：78 m²，高度：不小于2.6 m
装修	墙地面材料应便于清扫、擦洗，不污染环境 顶棚应采用吸声材料
门窗	窗户设置应保证自然采光和通风
安全私密	—

装备清单		数量	规格	备注
家具	边台	3	—	尺寸根据产品型号
	中央台	2	—	尺寸根据产品型号
	水池	2	—	尺寸根据产品型号
	圆凳	14	—	尺寸根据产品型号
设备	生物安全柜	4	—	尺寸根据产品型号
	紧急洗眼器	2	—	尺寸根据产品型号
	电冰箱	4	—	尺寸根据产品型号

机电要求		数量	规格	备注
医疗气体	氧气(O)	—	—	
	负压(V)	—	—	
	正压(A)	—	—	
弱电	网络接口	29	RJ45	
	电话接口	1	RJ11	或综合布线
	电视接口	—	—	
	呼叫接口	—	—	
强电	照明	—	照度：500 lx，色温：3300～5300 K，显色指数：不低于80	
	电插座	50	220 V，50 Hz	五孔
	接地	—	—	
给排水	上下水	2	安装混水器	水池
	地漏	—	—	
暖通	湿度/%		30～65	
	温度/℃		冬季：20～24；夏季：23～26	1. 机械排风，处理达标后，建议高空排放；
	净化		新风量满足规定要求	2. 补风量大于80%排风量

80. 二氧化碳培养室

空间类别	医疗设备	房间编码
	空间及行为	
房间名称	二氧化碳培养室	R4020801

说明： 二氧化碳培养室内设置二氧化碳培养箱、工作站。二氧化碳培养箱是通过模拟形成细胞或组织在生物体内的生长环境来进行体外培养的一种装置，是开展免疫学、肿瘤学、遗传学及生物工程所必需的实验用房。

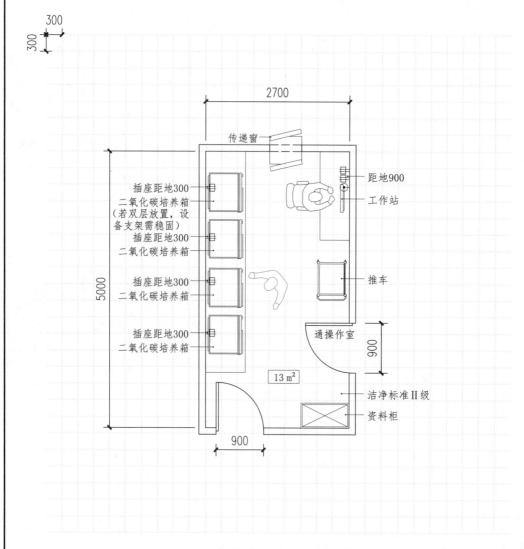

二氧化碳培养室平面布局图

图例： ⊟电源插座　⌒呼叫　▷电话　◎地漏
◁感应龙头　Ｔ电视　⊡观片灯　⊙网络

空间类别	加工实验	房间编码
	装备及环境	
房间名称	二氧化碳培养室	R4020801

建筑要求	规格
净尺寸	开间×进深:2700×5000
	面积:13 m², 高度:不小于2.6 m
装修	墙地面材料应便于清扫、擦洗,不污染环境
门窗	门应设置非通视窗、U形门把手
安全私密	房间如果为落地窗,应设置安全栏杆保护医患安全

装备清单		数量	规格	备注
家具	座椅	1	526×526	可升降,带靠背,可移动
	资料柜	1	900×450×1850	尺寸根据产品型号
	边台	1	1400×600×750	尺寸根据产品型号
	推车	1	560×475×870	尺寸根据产品型号
	传递窗	1	—	尺寸根据产品型号
设备	工作站	1	600×500×950	包括显示器、主机、打印机
	CO_2培养箱	4	787×647×889	水套式培养箱,质量105 kg,容积188 L,水套容量75.5 L, I级洁净(原100级)

机电要求		数量	规格	备注
医疗气体	氧气(O)	—	—	
	负压(V)	—	—	
	正压(A)	—	—	
弱电	网络接口	1	RJ45	
	电话接口	—	RJ11	或综合布线
	电视接口	—	—	
	呼叫接口	—	—	
强电	照明	—	照度:300 lx, 色温:3300~5300 K, 显色指数:不低于80
	电插座	6	220 V, 50 Hz	五孔
	接地			
给排水	上下水	—	安装混水器	洗手盆
	地漏	—		
暖通	湿度/%		40~45	
	温度/℃		冬季:21~22, 夏季:26~27	
	净化		—	II级洁净(原1000级)

81. 细胞培养室

空间类别	加工实验	房间编码
	空间及行为	
房间名称	细胞培养室	R4020807

说明： 细胞培养室是进行组织细胞或血细胞体外培养的实验室。细胞培养为后续的实验提供实验样品，如染色体核型分析、基因检测等实验。室内有洁净度要求，需要净化处理。房间内设置超净层流台、培养箱等设备。

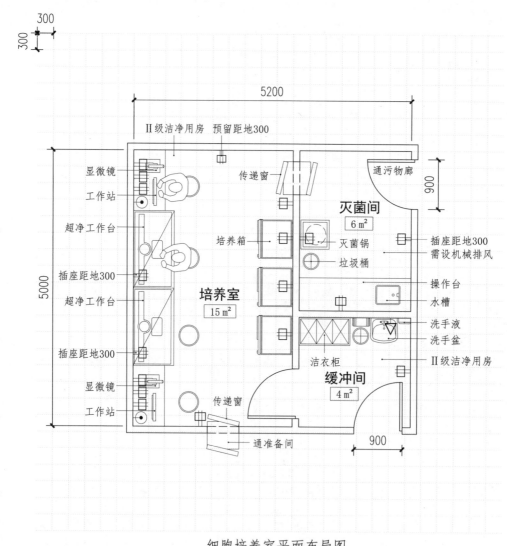

细胞培养室平面布局图

图例： ⊟电源插座 ⌒呼叫 ▷电话 ⊗地漏

◁感应龙头 T电视 ⊡观片灯 ●网络

空间类别	加工实验	房间编码
	装备及环境	
房间名称	细胞培养室	R4020807

建筑要求	规格
净尺寸	开间×进深:5200×5000
	面积:25 m²,高度:不小于2.6 m
装修	墙地面材料应便于清扫、擦洗,不污染环境
	屋顶应采用洁净材料
门窗	—
安全私密	—

装备清单		数量	规格	备注
家具	边台	1	—	尺寸根据产品型号
	水槽	1	—	尺寸根据产品型号
	工作台	2	—	尺寸根据产品型号
	圆凳	4	380	直径
	洗手盆	1	500×450×800	防水板、纸巾盒、洗手液、镜子(可选)
	垃圾桶	2	300	直径
	更衣柜	1	900×450×1800	尺寸根据产品型号
设备	工作站	2	600×500×950	包括显示器、主机
	显微镜	2	—	尺寸根据产品型号
	培养箱	3	—	尺寸根据产品型号
	超净工作台	2	—	尺寸根据产品型号
	传递窗	2	—	尺寸根据产品型号
	灭菌锅	1	—	尺寸根据产品型号

机电要求		数量	规格	备注
医疗气体	氧气(O)	—	—	
	负压(V)	—	—	
	正压(A)	—	—	
弱电	网络接口	2	RJ45	
	电话接口	—	RJ11	或综合布线
	电视接口	—	—	
	呼叫接口	—	—	
强电	照明	—	照度:500 lx,色温:3300~5300 K,显色指数:不低于80
	电插座	19	220 V,50 Hz	五孔
	接地	—	—	
给排水	上下水	2	安装混水器	水槽、洗手盆
	地漏	—	—	
暖通	湿度/%	30~65	
	温度/℃	冬季:20~24;夏季:23~26	1.机械排风,处理达标,建议高空排放
	净化	新风量满足规定要求	2.补风量大于80%排风量

82. 病房配剂室（三间套）

空间类别	加工实验	房间编码
	空间及行为	
房间名称	病房配剂室（三间套）	R4040105

说明： 病房配剂室是用于护理单元的输液配剂、输液前准备的功能房间。室内设置配剂台、药品车、输液车、耗材柜、器械柜等。宜邻近护士站设置，以便于护士操作，减少行走距离。室内有洁净度要求，建议进行洁污分区，使用过的输液车通过前室消毒后，进入配剂区。房间内可采用紫外线或其他方式消毒，若有条件，可设置超净台用于配剂。

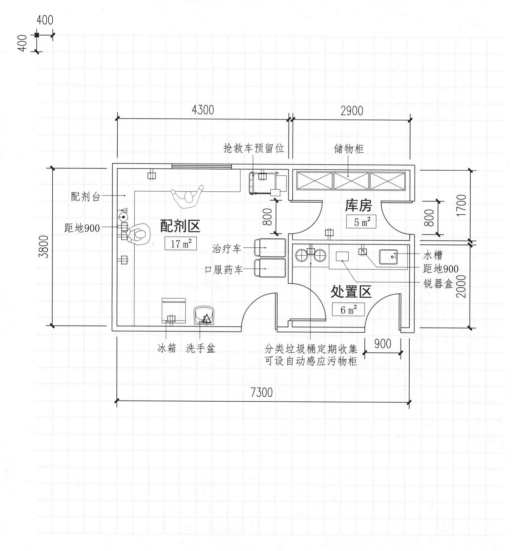

病房配剂室（三间套）平面布局图

图例： ⊟电源插座　◯呼叫　▷电话　◉地漏
◁感应龙头　T电视　▢观片灯　◉网络

空间类别	加工实验 装备及环境	房间编码
房间名称	病房配剂室（三间套）	R4040105

建筑要求	规格
净尺寸	开间×进深：7300×3800 面积：28 m²，高度：不小于2.6 m
装修	墙地面材料应便于清扫、擦洗，不污染环境 顶棚应采用吸声材料
门窗	—
安全私密	—

装备清单		数量	规格	备注
家具	配剂台	2	—	尺寸根据产品型号
	储物柜	3	—	尺寸根据产品型号
	水槽	1	—	尺寸根据产品型号
	垃圾桶	1	300	直径
	治疗车	1	—	尺寸根据产品型号
	药品车	1	—	尺寸根据产品型号
	抢救车	1	—	尺寸根据产品型号
	洗手盆	1	500×450×800	防水板、纸巾盒、洗手液、镜子（可选）
	分类垃圾桶	1	—	尺寸根据产品型号
	锐器盒	1	—	尺寸根据产品型号
设备	冰箱	1	—	尺寸根据产品型号

机电要求		数量	规格	备注
医疗气体	氧气（O）	—	—	
	负压（V）	—	—	
	正压（A）	—	—	
弱电	网络接口	1	RJ45	
	电话接口	1	RJ11	或综合布线
	电视接口	—	—	
	呼叫接口	—	—	
强电	照明	—	照度：300 lx，色温：3300～5300 K，显色指数：不低于80	
	电插座	11	220 V，50 Hz	五孔
	接地	—		
给排水	上下水	2	安装混水器	洗手盆、水槽
	地漏	—		
暖通	湿度/%		40～65	
	温度/℃		冬季：20～24；夏季：23～26	新风量满足规定要求
	净化		机械排风	负压（需净化）

83. 核方打印室

空间类别	医疗辅助	房间编码
	空间及行为	
房间名称	核方打印室	R4041404

说明： 核方打印室是静配中心药剂调配完成送至排药间后，相关人员对药剂调配记录与处方再次核对，并打印相关核对记录或相关程序文件的场所。可按一般办公室的设置进行布置。室内应设打印机、资料柜等。

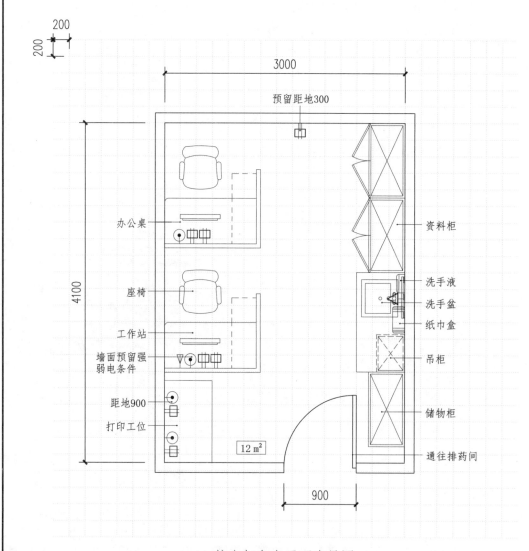

核方打印室平面布局图

图例：⊟电源插座　◯呼叫　▷电话　⊗地漏
　　　◁感应龙头　T电视　▥观片灯　⊙网络

空间类别	医疗辅助 装备及环境	房间编码
房间名称	核方打印室	R4041404

建筑要求	规格
净尺寸	开间×进深:3000×4100 面积:12 m²,高度:不小于2.6 m
装修	墙地面材料应便于清扫、擦洗,不污染环境 顶棚应采用吸声材料
门窗	—
安全私密	—

装备清单		数量	规格	备注
家具	办公桌	2	1200×600	—
	座椅	2	600×500×950	带靠背,可升降,可移动
	资料柜	2	450×900	—
	洗手盆柜	1	900×600×800	宜配备防水板、镜子、纸巾盒、洗手液
	打印工位	1	1200×600	—
	储物柜	1	450×900	—
设备	工作站	2	600×500×950	包括显示器、主机

机电要求		数量	规格	备注
医疗气体	氧气(O)	—	—	
	负压(V)	—	—	
	正压(A)	—	—	
弱电	网络接口	4	RJ45	
	电话接口	1	RJ11	或综合布线
	电视接口	—	—	
	呼叫接口	—	—	
强电	照明	—	照度:300 lx,色温:3300～5300 K,显色指数:不低于80	
	电插座	9	220 V,50 Hz	五孔
	接地	—	—	
给排水	上下水	1	安装混水器	洗手盆
	地漏	—		
暖通	湿度/%	30～60		
	温度/℃	18～26		宜优先采用自然通风
	净化	—		

84. 推车清洗室

空间类别	医疗辅助	房间编码
	空间及行为	
房间名称	推车清洗室	R4050801

说明: 中心供应室推车清洗室是进行污车清洗、消毒处理的场所。室内分为清洗区和干燥区。地面要做好防水防滑，应便于清扫、冲洗，不污染环境。

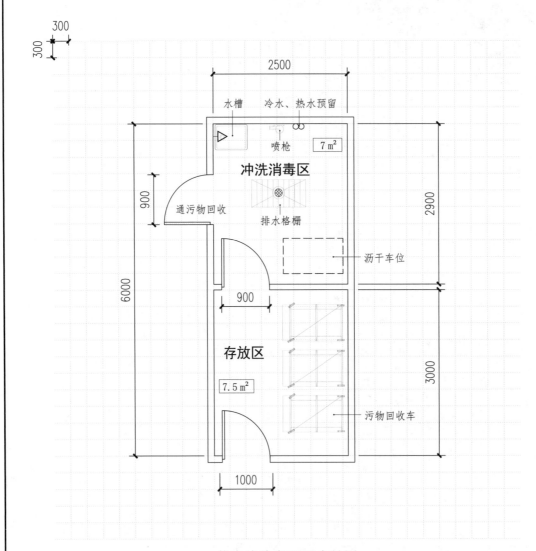

推车清洗室平面布局图

图例：⊟电源插座 ◯呼叫 ▷电话 ⊗地漏

◁感应龙头 Ⓣ电视 ▱观片灯 ⊙网络

空间类别	医疗辅助	房间编码	
	装备及环境		
房间名称	推车清洗室	R4050801	

建筑要求	规格
净尺寸	开间×进深:2500×6000
	面积:15 m²，高度:不小于2.6 m
装修	墙地面材料应便于清扫、冲洗，不污染环境
	顶棚应采用吸声材料
门窗	—
安全私密	—

装备清单		数量	规格	备注
	污物回收车	4	1000×640×950	尺寸根据产品型号
	冲洗喷枪	1	—	尺寸根据产品型号
家具				
设备				

机电要求		数量	规格	备注
医疗气体	氧气(O)	—	—	
	负压(V)	—	—	
	正压(A)	—	—	
弱电	网络接口	—	RJ45	
	电话接口	—	RJ11	或综合布线
	电视接口	—	—	
	呼叫接口	—	—	
强电	照明	—	照度:300 1x，色温:3300～5300 K，显色指数:不低于80	
	电插座	—	220 V，50 Hz	五孔
	接地	—	—	
给排水	上下水	1	安装混水器	水槽
	地漏	2	—	
暖通	湿度/%		30～60	
	温度/℃		18～26	需设置机械排风
	净化		—	应采用一定的消毒方式

85. 护士长办公室

空间类别	办公生活	房间编码
	空间及行为	
房间名称	护士长办公室	R5010202

说明： 护士长办公室应与护士站、主任办公室、医生办公室相邻或成组布置，便于工作联系。室内除工位外还需布置储物柜，用于储存物品。

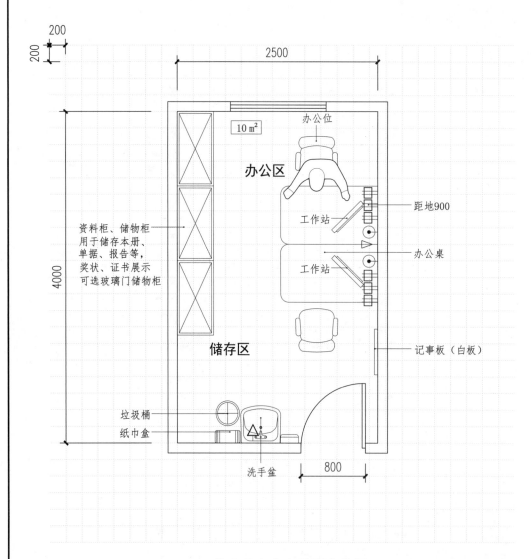

护士长办公室平面布局图

图例： ⊟电源插座 ○呼叫 ▷电话 ⊗地漏

◁感应龙头 T电视 ⊡观片灯 ⊙网络

空间类别	生活办公	房间编码
	装备及环境	
房间名称	护士长办公室	R5010202

建筑要求	规格
净尺寸	开间×进深:2500×4000 面积:10 m²,高度:不小于2.6 m
装修	墙地面材料应便于清扫、擦洗,不污染环境 顶棚应采用吸声材料
门窗	—
安全私密	需设置隔帘保护患者隐私

装备清单		数量	规格	备注
家具	办公桌	2	700×1200	宜圆角
	办公椅	2	526×526	带靠背,可升降,可移动
	洗手盆	1	500×450×800	防水板、纸巾盒、洗手液、镜子(可选)
	垃圾桶	1	300	直径
	储物柜	3	900×450×1850	尺寸根据产品型号
	记事板	1	—	尺寸根据产品型号
设备	工作站	2	—	包括显示器、主机、打印机

机电要求		数量	规格	备注
医疗气体	氧气(O)	—	—	
	负压(V)	—	—	
	正压(A)	—	—	
弱电	网络接口	2	RJ45	
	电话接口	1	RJ11	或综合布线
	电视接口	—	—	
	呼叫接口	—	—	
强电	照明	—	照度:300 lx,色温:3300~5300 K,显色指数:不低于80	
	电插座	7	220 V,50 Hz	五孔
	接地			
给排水	上下水	1	安装混水器	洗手盆
	地漏	—		
暖通	湿度/%		30~60	
	温度/℃		冬季:20~24;夏季:23~26	宜优先采用自然通风
	净化		—	

86. 医生休息室（沙发）

空间类别	办公生活 空间及行为	房间编码
房间名称	医生休息室（沙发）	R5030201

说明： 手术室的医生休息室，专供医生在每台手术间隙休息。可设在手术区，需严格控制污染，房间需经过消毒，医生只需脱掉最外层的外科消毒衣即可。房间内设置咖啡机、饮水机，以及各种饮料、点心、汉堡等，可以为医生补充能量，并设有质地柔软舒适的沙发，可以让医生稍作休息和调整。

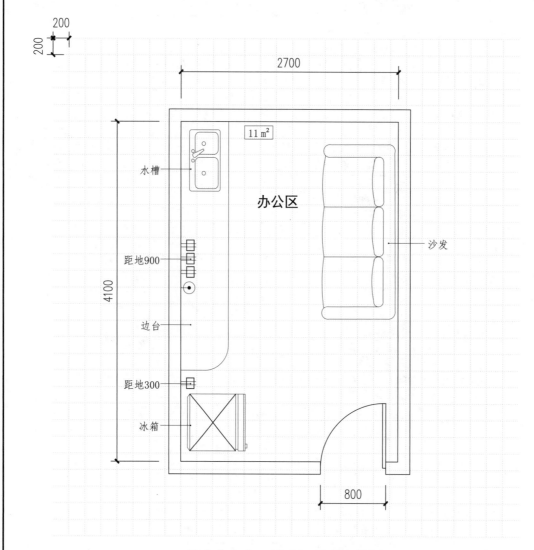

医生休息室（沙发）平面布局图

图例： ⊟电源插座 ○呼叫 ▷电话 ⊗地漏

◁感应龙头 Ｔ电视 □观片灯 ◉网络

空间类别	办公生活 装备及环境	房间编码
房间名称	医生休息室（沙发）	R5030201

建筑要求	规格
净尺寸	开间×进深：2700×4100 面积：11 m²，高度：不小于2.6 m
装修	墙地面材料应便于清扫、擦洗，不污染环境 顶棚应采用吸声材料
门窗	—
安全私密	—

装备清单		数量	规格	备注
家具	边台	1	—	尺寸根据产品型号
	水槽	1	—	尺寸根据产品型号
	沙发	1	—	尺寸根据产品型号
设备	冰箱	1	525×475×1208	尺寸根据产品型号

机电要求		数量	规格	备注
医疗气体	氧气(O)	—	—	
	负压(V)	—	—	
	正压(A)	—	—	
弱电	网络接口	1	RJ45	
	电话接口	—	RJ11	或综合布线
	电视接口	—	—	
	呼叫接口	—	—	
强电	照明	—	照度：300 lx，色温：3300～5300 K，显色指数：不低于80	
	电插座	4	220 V，50 Hz	五孔
	接地	—	—	
给排水	上下水	1	安装混水器	洗手盆
	地漏	—	—	
暖通	湿度/%		30～60	
	温度/℃		18～26	宜优先采用自然通风
	净化		—	

87. 医护休息室

空间类别	办公生活	房间编码
	空间及行为	
房间名称	医护休息室	R5030203

说明： 医护休息室是医护人员休息的区域，可在此房间休息、用餐、饮茶。房间内设置微波炉、冰箱，若有条件，可设置饮水机、咖啡机、制冰机等设备，并预留工作人员水杯、餐具存放位置。

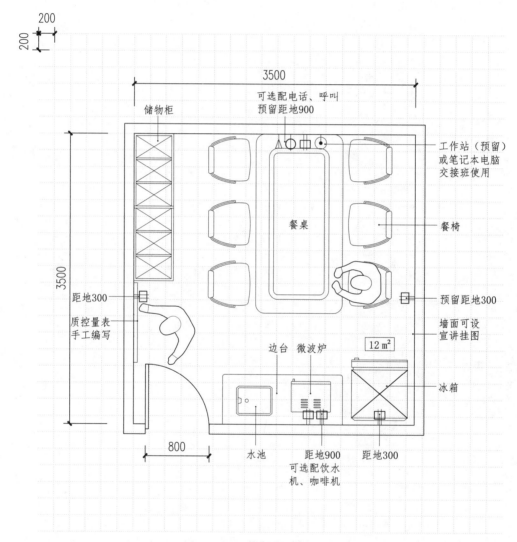

医护休息室平面布局图

图例： ⊟电源插座 ◯呼叫 ▷电话 ✺地漏
◁感应龙头 T电视 ▢观片灯 ◉网络

空间类别	办公生活 装备及环境		房间编码	
房间名称	医护休息室		R5030203	

建筑要求	规格
净尺寸	开间×进深:3500×3500 面积:12 m²,高度:不小于2.6 m
装修	墙地面材料应便于清扫、擦洗,不污染环境 顶棚应采用吸声材料
门窗	—
安全私密	—

装备清单		数量	规格	备注
家具	边台	1	600×1500	尺寸根据产品型号
	水槽	1	620×450×260	尺寸根据产品型号
	储物柜	2	900×450×1850	尺寸根据产品型号
	餐桌	1	2400×1200×750	尺寸根据产品型号
	餐椅	6	526×526	尺寸根据产品型号
	黑白板	1	—	尺寸根据产品型号
设备	冰箱	1	—	尺寸根据产品型号
	微波炉	1	—	尺寸根据产品型号

机电要求		数量	规格	备注
医疗气体	氧气(O)	—	—	
	负压(V)	—	—	
	正压(A)	—	—	
弱电	网络接口	1	RJ45	
	电话接口	1	RJ11	或综合布线
	电视接口	—	—	
	呼叫接口	1	—	
强电	照明	—	照度:200 lx,色温:3300~5300 K,显色指数:不低于80	
	电插座	6	220 V,50 Hz	五孔
	接地	—		
给排水	上下水	1	安装混水器	洗手盆
	地漏	—		
暖通	湿度/%		30~60	
	温度/℃		冬季:20~24;夏季:23~26	宜优先采用自然通风
	净化		—	

88. 联合会诊室

空间类别	办公生活	房间编码
	空间及行为	
房间名称	联合会诊室	R5110101

说明： 联合会诊室可用于各个临床科室对于患疑难病例的多科室、多专业的联合会诊和病例讨论。参加会诊人员一般为各专业专家或主治医师。会诊申请科室的医生先汇报病例（患者的临床症状、体征及检验、检查结果），该专业上一级医生做出分析，提出初步诊断，受邀请科室的医生再根据患者的临床症状、体征检验、检查结果，给出病情分析、做出诊断，对暂不能做出诊断的病例，提出进一步的检验、检查要求，供会诊提出科室的医生参考和安排。要求设计音像系统，预置电话端口，设足够的电源及接口。

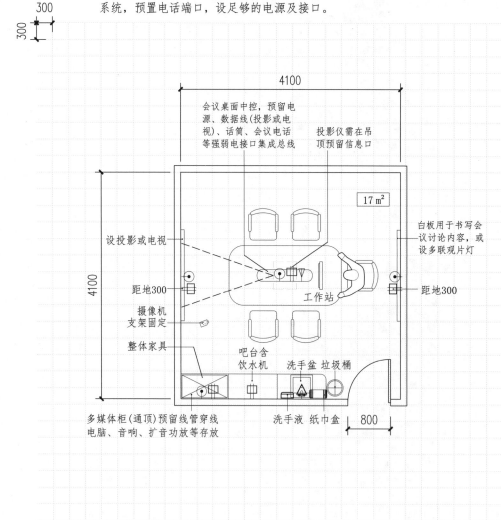

联合会诊室平面布局图

图例： ⊟电源插座　◠呼叫　▷电话　◉地漏
　　　◁感应龙头　Ⓣ电视　▣观片灯　◉网络

空间类别	办公生活 装备及环境		房间编码	
房间名称	联合会诊室		R5110101	

建筑要求		规格
净尺寸		开间×进深:4100×4100 面积:17 m²,高度:不小于2.6 m
装修		墙地面材料应便于清扫、擦洗,不污染环境 顶棚应采用吸声材料
门窗		—
安全私密		需设置隔帘保护患者隐私

装备清单		数量	规格	备注
家具	座椅	5	600×500×950	医用诊椅,带靠背,可升降
	会议桌	1	2200×1200	6人会议桌
	洗手盆柜	1	900×450×800	宜配备防水板、纸巾盒、洗手液
	整体柜	1	900×400×800	包含电气集成、储藏展示功能
	垃圾桶	1	300	直径
设备	投影设备	1	—	含吊装投影仪、投影幕布
	液晶电视	1	1059×686×235	功率112 W,单屏质量11 kg,壁挂安装
	工作站	1	—	包括显示器、主机

机电要求		数量	规格	备注
医疗气体	氧气(O)	—	—	
	负压(V)	—	—	
	正压(A)	—	—	
弱电	网络接口	4	RJ45	
	电话接口	1	RJ11	或综合布线
	电视接口	—	—	
	呼叫接口	—	—	
强电	照明	—	照度:300 lx,色温:3300～5300 K,显色指数:不低于80	
	电插座	6	220 V,50 Hz	五孔
	接地			
给排水	上下水	1	安装混水器	洗手盆
	地漏	—		
暖通	湿度/%		30～60	
	温度/℃		18～26	宜优先采用自然通风
	净化		—	

89. 无障碍卫生间（助浴）

空间类别	办公生活	房间编码
	空间及行为	
房间名称	无障碍卫生间(助浴)	R5230102

说明： 助浴式无障碍卫生间具备卫生间、助浴的功能。助浴是对行动不便、洗浴困难的患者进行辅助洗浴的服务。通常配合移动洗浴床、移动洗浴车、悬吊移动设备等辅助器材。需配备手持喷淋头，且喷淋管长度应满足患者全身冲洗要求。房间需满足无障碍需求。

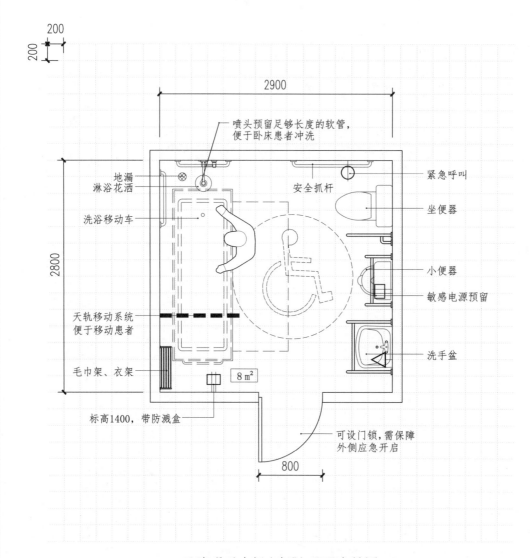

无障碍卫生间(助浴)平面布局图

图例： ⊞电源插座　⌒呼叫　▷电话　⊗地漏
◁感应龙头　T电视　□观片灯　⦿网络

空间类别	办公生活	房间编码
	装备及环境	
房间名称	无障碍卫生间(助浴)	R5230102

建筑要求	规格
净尺寸	开间×进深:2900×2800
	面积:8 m², 高度:不小于2.6 m
装修	墙地面材料应便于清扫、冲洗、防滑,不污染环境
	顶棚材料应耐潮湿
门窗	—
安全私密	—

装备清单		数量	规格	备注
家具	洗手盆	1	500×450×800	防水板、洗手液、镜子（可选）
	坐便器	1	—	尺寸根据产品型号
	小便器	1	—	尺寸根据产品型号
	淋浴花洒	1	—	尺寸根据产品型号
	移动洗浴车	1	1900×700	尺寸根据产品型号
设备	天轨系统	1	—	尺寸根据产品型号

机电要求		数量	规格	备注
医疗气体	氧气(O)	—	—	
	负压(V)	—	—	
	正压(A)	—	—	
弱电	网络接口	—	RJ45	
	电话接口	—	RJ11	或综合布线
	电视接口	—		
	呼叫接口	1		
强电	照明	—	照度:300 lx, 色温:3300～5300 K, 显色指数:不低于80
	电插座	3	220 V, 50 Hz	五孔
	接地	—		
给排水	上下水	4	安装混水器	洗手盆、小便斗、坐便器、淋浴
	地漏	1		
暖通	湿度/%		30～60	
	温度/℃		18～26	需设置机械排风
	净化		—	

90. 亲子卫生间

空间类别	办公生活	房间编码
	空间及行为	
房间名称	亲子卫生间	R5230203

说明： 亲子卫生间是供儿童及家长共同使用的卫生间，内设成人和儿童用洁具，供家长协助儿童如厕。可设婴儿护理台或婴儿椅，用于安置婴儿或护理操作，为儿童及家长提供方便。此房型主要服务于低龄儿童，对性别保护、隐私保护要求低，便于异性家长辅助。

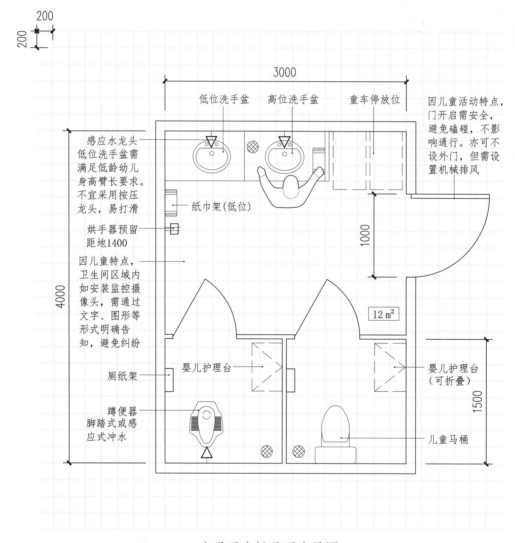

亲子卫生间平面布局图

图例： ⊞电源插座 ⌒呼叫 ▷电话 ⊗地漏
◁感应龙头 T电视 □观片灯 ◉网络

空间类别	办公生活 装备及环境	房间编码
房间名称	亲子卫生间	R5230203

建筑要求	规格
净尺寸	开间×进深:3000×4000 面积:12 m²,高度:不小于2.6 m
装修	墙地面材料应便于清扫、冲洗,不污染环境 顶棚应采用耐潮湿材料
门窗	门应具备应急开启功能
安全私密	需防滑、稳固,降低儿童活动风险

装备清单		数量	规格	备注
家具	洗手台	1	—	尺寸根据产品型号
	洗手盆	2	—	尺寸根据产品型号
	儿童坐便器	1	—	尺寸根据产品型号
	蹲便器	1	—	尺寸根据产品型号
	婴儿护理台	2	—	尺寸根据产品型号
设备	烘手器	1	—	尺寸根据产品型号

机电要求		数量	规格	备注
医疗气体	氧气(O)	—	—	
	负压(V)	—	—	
	正压(A)	—	—	
弱电	网络接口	—	RJ45	
	电话接口	—	RJ11	或综合布线
	电视接口	—	—	
	呼叫接口	—	—	
强电	照明	—	照度:200 lx,色温:3300～5300 K,显色指数:不低于80	
	电插座	4	220 V,50 Hz	五孔
	接地	—		
给排水	上下水	4	安装混水器	洗手盆、坐便器、蹲便器
	地漏	3	—	
暖通	湿度/%		30～60	
	温度/℃		18～26	需设置机械排风,排除异味
	净化		—	

91. 亲子卫生间（单间）

空间类别	办公生活 **空间及行为**	房间编码
房间名称	亲子卫生间（单间）	R5230204

说明： 亲子卫生间是供儿童及家长共同使用的卫生间，内设成人洁具和儿童用洁具。可设置婴儿护理台或婴儿椅，用于护理操作或安置婴儿。同时满足带婴儿上卫生间的条件，为家长提供方便，设计应合理且彰显人性化。此房型可兼顾儿童、家长两类人群的使用差异，单间更利于保护隐私。

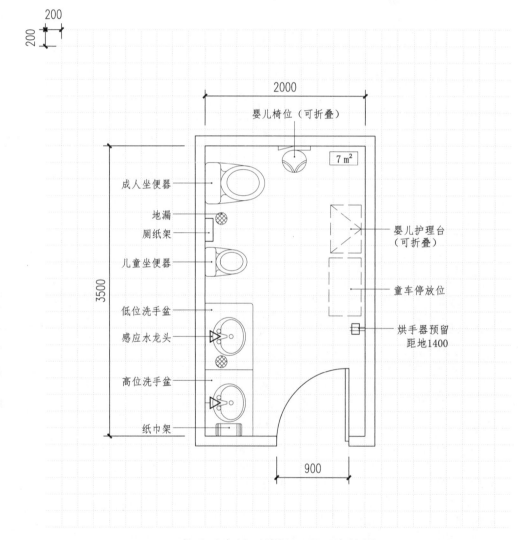

亲子卫生间（单间）平面布局图

图例： ▯ 电源插座　○ 呼叫　▷ 电话　◎ 地漏
◁ 感应龙头　T 电视　□ 观片灯　● 网络

空间类别	办公生活 装备及环境	房间编码
房间名称	亲子卫生间（单间）	R5230204

建筑要求	规格
净尺寸	开间×进深：2000×3500 面积：7 m²，高度：不小于2.6 m
装修	墙地面材料应便于清扫、冲洗，不污染环境 顶棚应采用耐潮材料
门窗	门应具备应急开启功能
安全私密	需防滑、稳固，降低儿童活动风险

装备清单		数量	规格	备注
家具	洗手台	1	—	尺寸根据产品型号
	洗手盆	2	—	尺寸根据产品型号
	儿童坐便器	1	—	尺寸根据产品型号
	成人坐便器	1	—	尺寸根据产品型号
	婴儿护理台	1	—	尺寸根据产品型号
	婴儿椅位	1	—	尺寸根据产品型号
设备	烘手器	1	—	尺寸根据产品型号

机电要求		数量	规格	备注
医疗气体	氧气(O)	—	—	
	负压(V)	—	—	
	正压(A)	—	—	
弱电	网络接口	—	RJ45	
	电话接口	—	RJ11	或综合布线
	电视接口	—	—	
	呼叫接口	—	—	
强电	照明	—	照度：200 lx，色温：3300～5300 K，显色指数：不低于80	
	电插座	1	220 V，50 Hz	五孔
	接地	—		
给排水	上下水	4	安装混水器	洗手盆
	地漏	2	—	
暖通	湿度/%		30～60	
	温度/℃		18～26	需设置机械排风，排除异味
	净化		—	

92. 更衣室（18柜）

空间类别	医疗辅助	房间编码
	空间及行为	
房间名称	更衣室（18柜）	R6010106

说明：　更衣室为医护人员更换衣服使用。房间功能与患者更衣室不同，可按照使用人数确定房间大小。可作为独立空间使用，也可与淋浴或卫生间等功能组合。可设置门禁保护医护人员及物品安全。

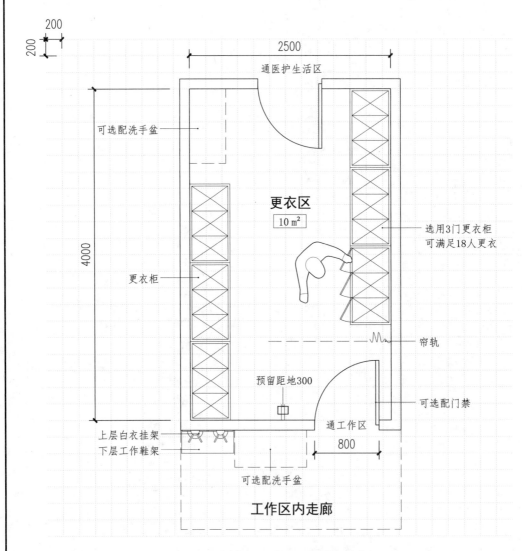

更衣室（18柜）平面布局图

图例：⊟电源插座　◯呼叫　▷电话　⊗地漏
　　　◁感应龙头　T电视　▯观片灯　●网络

空间类别	医疗辅助	房间编码
	装备及环境	
房间名称	更衣室（18柜）	R6010106

建筑要求	规格
净尺寸	开间×进深：2500×4000 面积：10 m²，高度：不小于2.6 m
装修	墙地面材料应便于清扫、擦洗，不污染环境
门窗	可设置门禁
安全私密	需设置隔帘保护隐私

装备清单		数量	规格	备注
家具	衣架	2	组	尺寸根据产品型号
	鞋架	1	组	尺寸根据产品型号
	更衣柜	6	900×450×1850	3门更衣柜
	帘轨	1	2100	直线形
设备				

机电要求		数量	规格	备注
医疗气体	氧气（O）	—	—	
	负压（V）	—	—	
	正压（A）	—	—	
弱电	网络接口	—	RJ45	
	电话接口	—	RJ11	或综合布线
	电视接口	—	—	
	呼叫接口	—	—	
强电	照明	—	照度：100 lx，色温：3300～5300 K，显色指数：不低于80	
	电插座	1	220 V，50 Hz	五孔
	接地	—	—	
给排水	上下水	—	安装混水器	洗手盆
	地漏	—	—	
暖通	湿度/%	30～60		
	温度/℃	18～26		宜优先采用自然通风
	净化	—		

93. 缓冲间

空间类别	医疗辅助 空间及行为	房间编码
房间名称	缓冲间	R6020502

说明: 缓冲间是为医护人员跨越不同洁污分区设置的过渡隔间小室。其有组织气流并形成安全屏障的作用,需设置机械通风系统。门具有互锁功能,不能同时处于开启状态。通过换鞋、更衣、洗手等控制措施,保证从非洁净区到洁净区的净化过程。房间面积不应小于 3 ㎡,若通行流量增大,需酌情增加面积。

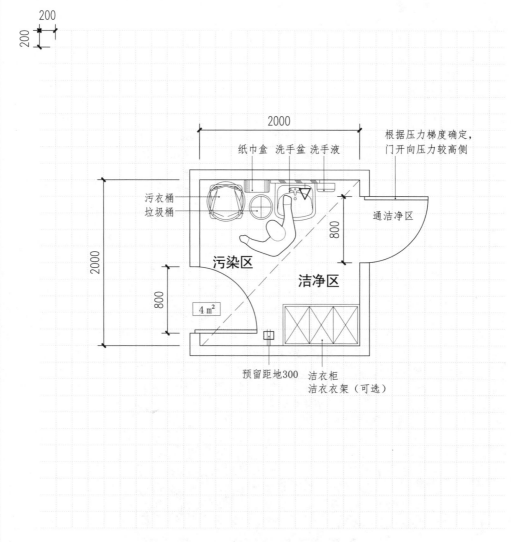

缓冲间平面布局图

图例: ⊟电源插座 ◯呼叫 ▷电话 ⊗地漏
◁感应龙头 T电视 ▢观片灯 ⊙网络

空间类别	医疗辅助 装备及环境	房间编码
房间名称	缓冲间	R6020502

建筑要求	规格
净尺寸	开间×进深：2000×2000 面积：4 m²，高度：不小于2.6 m
装修	墙地面材料应便于清扫、擦洗，不污染环境 顶棚材料应便于清扫，不产尘
门窗	—
安全私密	—

装备清单		数量	规格	备注
家具	污衣桶	1	—	尺寸根据产品型号
	垃圾桶	1	300	直径
	洁衣柜	1	900×450×1850	尺寸根据产品型号
	洗手盆	1	500×450×800	防水板、纸巾盒、洗手液、镜子（可选）
设备				

机电要求		数量	规格	备注
医疗气体	氧气(O)	—	—	
	负压(V)	—	—	
	正压(A)	—	—	
弱电	网络接口	—	RJ45	
	电话接口	—	RJ11	或综合布线
	电视接口	—	—	
	呼叫接口	—	—	
强电	照明	—	照度：300 lx，色温：3300～5300 K，显色指数：不低于80	
	电插座	2	220 V，50 Hz	五孔
	接地	—	—	
给排水	上下水	1	安装混水器	洗手盆
	地漏	—	—	
暖通	湿度/%		30～60	
	温度/℃		21～25	
	净化		净化洁净度满足规范要求	房间正负压需满足使用位置条件要求

94. 核素废物暂存间

空间类别	医疗辅助 空间及行为	房间编码
房间名称	核素废物暂存间	R6030302

说明：　核素废物暂存间是暂存医用放射性核素废物的场所。房间需具备防护条件，内设专用容器用于盛放废弃药品器皿、接触唾液的餐盒、接触体液的被服，需要分批存放至衰变周期。房间设置应具有预防废物丢失、被盗、容器破损和灾害事故的安全措施，并建立相应的管理制度。接触放射性废物的工作人员必须使用个人防护用具或采取屏蔽防护措施，并佩戴个人剂量计。

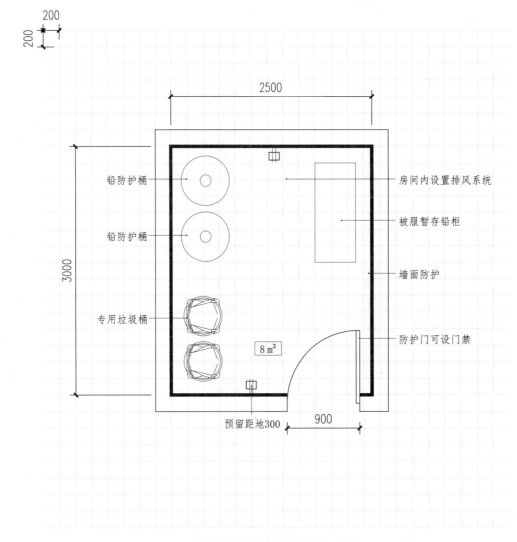

核素废物暂存间平面布局图

图例：⊟电源插座　◯呼叫　▷电话　⊗地漏
　　　◁感应龙头　T电视　⊞观片灯　◉网络

空间类别	医疗辅助	房间编码
	装备及环境	
房间名称	核素废物暂存间	R6030302

建筑要求	规格
净尺寸	开间×进深:2500×3000
	面积:8 m², 高度:不小于2.6 m
装修	墙地面材料应便于清扫、擦洗,不污染环境
门窗	可设置门禁
安全私密	房间应满足放射防护要求

装备清单		数量	规格	备注
家具	垃圾桶	2	—	尺寸根据产品型号
设备	铅防护桶	2	—	尺寸根据产品型号
	铅柜	1	—	应设置独立分隔,分批存放

机电要求		数量	规格	备注
医疗气体	氧气(O)	—	—	
	负压(V)	—	—	
	正压(A)	—	—	
弱电	网络接口	—	RJ45	
	电话接口	—	RJ11	或综合布线
	电视接口	—	—	
	呼叫接口	—	—	
强电	照明	—	照度:200 lx,色温:3300~5300 K,显色指数:不低于80	
	电插座	2	220 V,50 Hz	五孔
	接地	—		
给排水	上下水	—	安装混水器	洗手盆
	地漏	—		
暖通	湿度/%		30~60	
	温度/℃		冬季:12~18;夏季:22~25	
	净化		—	负压

95. 中药发药单元

空间类别	医疗辅助	房间编码
	空间及行为	
房间名称	中药发药单元	R6120505

说明：中药房前台窗口收方、发药，后台摆药、配药、存药。存放药品的空间需控制温湿度，保证药品存放条件。抓药区设中药料斗、药柜，应按照中医药的药性、类别分类摆设。还需另设中药二级库房、制作、加工的区域作为功能辅助。若有条件，可增设临床药师咨询窗口，对用药方法提供咨询服务。

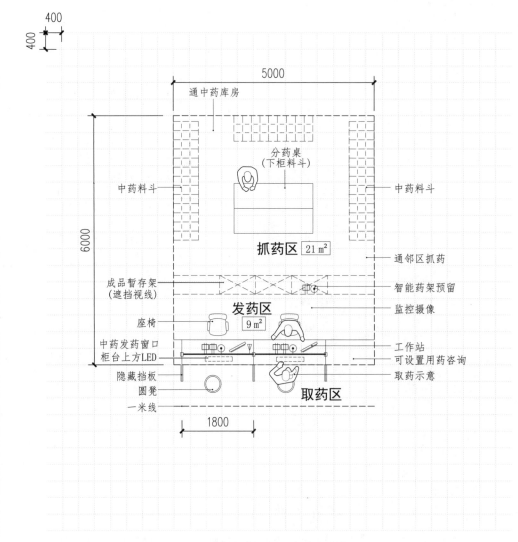

中药发药单元平面布局图

图例： ⊟电源插座 ⌒呼叫 ▷电话 ⊗地漏
⊲感应龙头 Ⓣ电视 ▯观片灯 ⊙网络

空间类别	医疗辅助	房间编码
	装备及环境	
房间名称	中药发药单元	R6120505

建筑要求	规格
净尺寸	开间×进深:5000×6000
	面积:30 m²,高度:不小于2.6 m
装修	墙地面材料应便于清扫、擦洗,不污染环境
	装修可突出中医传统环境
门窗	药房区域应设置门禁
安全私密	发药区应设置监控摄像,避免用药纠纷

装备清单		数量	规格	备注
家具	中药料斗	5	2000×650×2200	实木,每柜约200味
	分药桌	2	2000×600×800	尺寸根据产品型号
	暂存药架	3	—	放置抓药完成的成品中药
	发药窗口	2	600×1500	尺寸根据产品型号
	座椅	2	526×526	带靠背,可升降,可移动
	圆凳	2	380	直径
设备	工作站	2	—	包括显示器、主机、打印机
	显示屏	2	—	尺寸根据产品型号

机电要求		数量	规格	备注
医疗气体	氧气(O)	—	—	
	负压(V)	—	—	
	正压(A)	—	—	
弱电	网络接口	3	RJ45	
	电话接口	1	—	
	电视接口	—	—	
	呼叫接口	—	—	
强电	照明	—	照度:300 lx,色温:3300~5300 K,显色指数:不低于80	
	电插座	5	220 V,50 Hz	五孔
	接地			
给排水	上下水	—	安装混水器	洗手盆
	地漏	—		
暖通	湿度/%		45~60	为保护药品,需适当防潮
	温度/℃		冬季:20~24;夏季:23~26	机械排风
	净化		新风量满足规定要求	

96. 自动发药窗口

空间类别	医疗辅助	房间编码
	空间及行为	
房间名称	自动发药窗口	R6120510

说明： 药房自动发药是应用自动化设备替代人工摆药，对盒装药品进行自动化储存、出药和发送。自动发药机采用计算机管理和自动控制系统，可以减少药房取药的工作量、降低错发误发概率。医院应根据发药量、设备型号确定房间面积和预留条件。

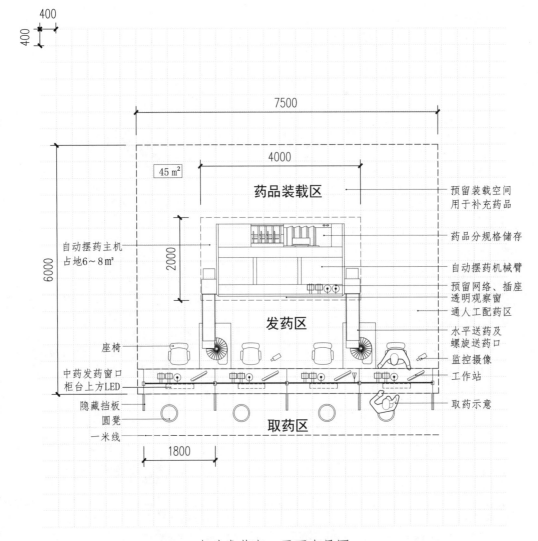

自动发药窗口平面布局图

图例： ⊟电源插座 ◯呼叫 ▷电话 ⊗地漏
◁感应龙头 Ⓣ电视 ⬚观片灯 ⊙网络

空间类别	医疗辅助		房间编码	
	装备及环境			
房间名称	自动发药窗口		R6120510	

建筑要求	规格
净尺寸	开间×进深：7500×6000
	面积：45 m²，高度：不小于2.8 m
装修	墙地面材料应便于清扫、擦洗，不污染环境
	顶棚应采用吸声材料
门窗	药房区域应设置门禁
安全私密	发药区应设置监控摄像，避免用药纠纷

装备清单		数量	规格	备注
家具	发药窗口	2	600×1500	尺寸根据产品型号
	座椅	4	526×526	可升降，带靠背，可移动
	圆凳	4	380	直径
设备	工作站	4	—	包括显示器、主机、打印机
	显示屏	2	—	尺寸根据产品型号
	摆药机	1	3850×1600×2620	药槽总数1300个，储药量15000盒/瓶，发药速度1200盒/小时(200处方/小时)

机电要求		数量	规格	备注
医疗气体	氧气(O)	—	—	
	负压(V)	—	—	
	正压(A)	—	—	
弱电	网络接口	6	RJ45	
	电话接口	1	RJ11	或综合布线
	电视接口	—	—	
	呼叫接口	—	—	
强电	照明	—	照度：300 1x，色温：3300～5300 K，显色指数：不低于80	
	电插座	10	220 V，50 Hz	五孔
	接地			
给排水	上下水		安装混水器	洗手盆
	地漏	—		
暖通	湿度/%		45～60	为保护药品，需适当防潮
	温度/℃		冬季：20～24；夏季：23～26	宜优先采用自然通风
	净化		新风量满足规定要求	

97. 仪器设备库房

空间类别	医疗辅助	房间编码
	空间及行为	
房间名称	仪器设备库房	R6210202

说明： 仪器设备库房是用于医疗设备储存的辅助用房。房间应充分利用立体空间，合理收纳，分类存放，并为满足设备充电需要预留足够插座。房间多设于病房护理单元、ICU护理单元等区域。

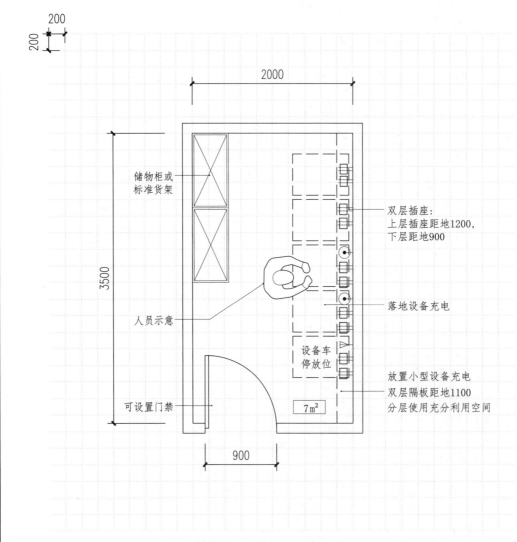

储物柜或标准货架

双层插座：
上层插座距地1200，
下层插座距地900

落地设备充电

人员示意

设备车停放位

放置小型设备充电
双层隔板距地1100
分层使用充分利用空间

可设置门禁

7m²

仪器设备库房平面布局图

图例： 电源插座　呼叫　电话　地漏

感应龙头　T 电视　观片灯　网络

空间类别	医疗辅助 装备及环境	房间编码
房间名称	仪器设备库房	R6210202

建筑要求	规格
净尺寸	开间×进深:2000×3500 面积:7 m²,高度:不小于2.6 m
装修	墙地面材料应便于清扫、擦洗,不污染环境 顶棚应采用吸声材料
门窗	可设置门禁
安全私密	—

装备清单		数量	规格	备注
家具	隔板	1	双层	尺寸根据产品型号,小设备充电用
	储物柜	2	900×400×1850	尺寸根据产品型号
	仪器车	5	560×475×870	尺寸根据产品型号
设备				

机电要求		数量	规格	备注
医疗气体	氧气(O)	—	—	
	负压(V)	—	—	
	正压(A)	—	—	
弱电	网络接口	2	RJ45	
	电话接口	1	RJ11	或综合布线
	电视接口	—	—	
	呼叫接口	—	—	
强电	照明	—	照度:200 lx,色温:3300~5300 K,显色指数:不低于80	
	电插座	10	220 V,50 Hz	五孔
	接地	—	—	
给排水	上下水	—		
	地漏	—	—	
暖通	湿度/%		30~60	
	温度/℃		冬季:18~22;夏季:23~26	机械排风
	净化		—	

98. 维修间

空间类别	医疗辅助	房间编码
	空间及行为	
房间名称	维修间	R6210402

说明： 维修间用于医院内设备设施的维修，需注意换气排风，控制粉尘及设备污染。根据维修内容，可灵活调整维修工具、设施。如：钻孔操作需配备台钻，用于呼吸机维护调试需增设氧气、正压。需控制维修产生的噪声。房间应设置消毒设施。

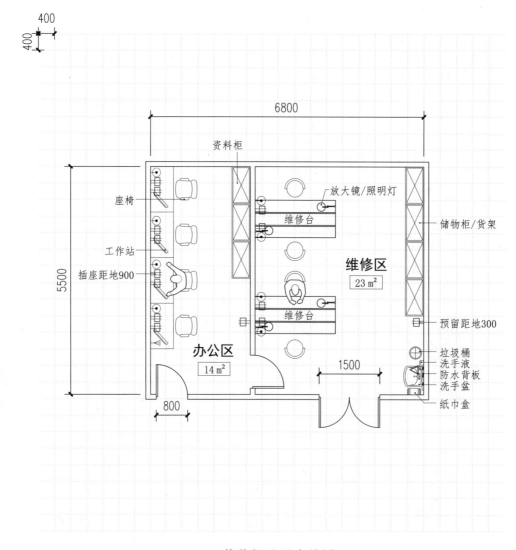

维修间平面布局图

图例： ⊟电源插座 ○呼叫 ▷电话 ⊗地漏
⊲感应龙头 Ⅰ电视 □观片灯 ⊙网络

空间类别	医疗辅助 装备及环境	房间编码
房间名称	维修间	R6210402

建筑要求	规格	
净尺寸	开间×进深:6800×5500	
	面积:37 m²,高度:不小于2.6 m	
装修	墙地面材料应便于清扫、擦洗,不污染环境	
	顶棚应采用吸声材料	
门窗	—	
安全私密	—	

装备清单		数量	规格	备注
家具	办公桌	4	600×1100	尺寸根据产品型号
	座椅	4	526×526	带靠背,可升降,可移动
	资料柜	3	900×450×1850	尺寸根据产品型号
	储物柜	4	900×450×1850	尺寸根据产品型号
	维修台	2	—	尺寸根据产品型号
	圆凳	4	380	直径
	洗手盆	1	500×450×800	防水板、纸巾盒、洗手液、镜子(可选)
	垃圾桶	1	300	直径
设备	工作站	4	600×500×950	包括显示器、主机、打印机

机电要求		数量	规格	备注
医疗气体	氧气(O)	—	—	
	负压(V)	—	—	
	正压(A)	—	—	
弱电	网络接口	8	RJ45	
	电话接口	1	RJ11	或综合布线
	电视接口	—	—	
	呼叫接口	—	—	
强电	照明	—	照度:300 lx,色温:3300～5300 K,显色指数:不低于80	
	电插座	15	220 V,50 Hz	五孔
	接地	—	—	
给排水	上下水	1	安装混水器	洗手盆
	地漏	—	—	
暖通	湿度/%		30～60	
	温度/℃		18～26	机械排风
	净化	空调系统方式满足要求		应采用一定的消毒方式

99. 精子库

空间类别	医疗辅助	房间编码
	空间及行为	
房间名称	精子库	R6210601

说明： 精子库是用于精液低温储存的医疗辅助用房。精液冷藏技术是在精液中加入保护介质以保护精子，校正pH值到7.2～7.4后贮藏于-196℃液氮罐中，能长时间贮藏，需要时融化供人工受精。精子库可用于因病导致绝育预先贮藏、少精症预先多次收集、志愿者供精与人工受精，同时满足志愿者与受精者隔离和双盲的保密要求。

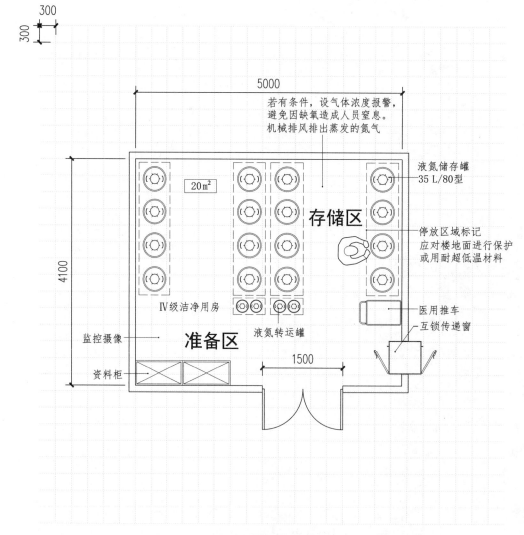

精子库平面布局图

图例： ⊟电源插座　⊖呼叫　▷电话　⊗地漏

　　　◁感应龙头　T电视　▢观片灯　⊙网络

空间类别	医疗辅助	房间编码	
	装备及环境		
房间名称	精子库	R6210601	

建筑要求	规格
净尺寸	开间×进深:5000×4100 面积:20 m²，高度:不小于2.6 m
装修	墙地面材料应便于清扫、擦洗，局部地面建议选用耐低温材料 顶棚材料应不产尘，不污染环境
门窗	—
安全私密	需设置排风系统，避免人员缺氧窒息

装备清单		数量	规格	备注
家具	资料柜	2	450×900×2000	尺寸根据产品型号
	液氮罐	16	450×700	35 L/80型
	液氮转运罐	4	—	尺寸根据产品型号
	医用推车	1	600×475×960	尺寸根据产品型号
设备	互锁传递窗	1	—	尺寸根据产品型号

机电要求		数量	规格	备注
医疗气体	氧气(O)	—	—	
	负压(V)	—	—	
	正压(A)	—	—	
弱电	网络接口	—	RJ45	
	电话接口	—	RJ11	或综合布线
	电视接口	—	—	
	呼叫接口	—	—	
强电	照明	—	照度:100 lx，色温:3300～5300 K，显色指数:不低于80	
	电插座	—	220 V，50 Hz	五孔
	接地	—		
给排水	上下水	—		
	地漏	—	—	
暖通	湿度/%		30～60	
	温度/℃		21～25	机械排风
	净化		IV级洁净用房	

100. 体检备餐间

空间类别	医疗辅助 空间及行为	房间编码
房间名称	体检备餐间	R6310104

说明：　体检备餐间是用于体检后套餐准备、发放的场所。备餐是厨房供餐、餐厅服务之中不可少的功能。可提供体检套餐，也可提供饮水、咖啡等服务。

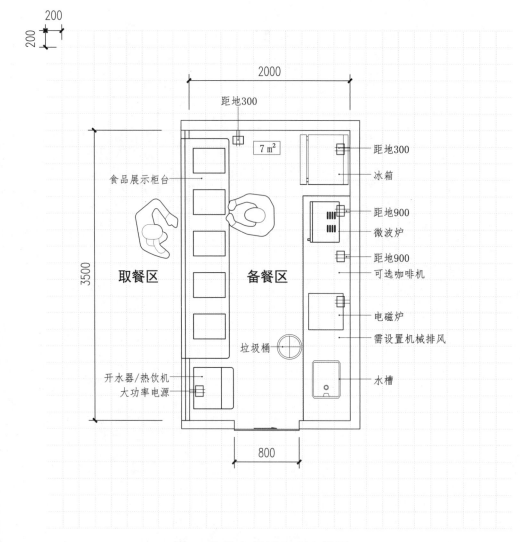

体检备餐间平面布局图

图例：⊟电源插座　◯呼叫　▷电话　⊗地漏
　　　◁感应龙头　T电视　⊞观片灯　⊙网络

空间类别	医疗辅助	房间编码	
	装备及环境		
房间名称	体检备餐间	R6310104	

建筑要求	规格
净尺寸	开间×进深：2000×3500
	面积：7 m²，高度：不小于2.6 m
装修	墙地面材料应便于清扫、擦洗，不污染环境
	顶棚应采用防潮材料
门窗	—
安全私密	—

装备清单		数量	规格	备注
家具	食品柜台	1	2500×6000×900	玻璃展示柜，内设灯光；保温或保冷
	操作台	1	3000×600×800	上方吊柜，下方储柜
	水槽	1	620×450×260	尺寸根据产品型号
	垃圾桶	1	300	直径
设备	冰箱	1	—	尺寸根据产品型号
	微波炉	1	—	尺寸根据产品型号
	开水器	1	540×500×700	尺寸根据产品型号

机电要求		数量	规格	备注
医疗气体	氧气(O)	—	—	
	负压(V)	—	—	
	正压(A)	—	—	
弱电	网络接口	—	RJ45	
	电话接口	—	RJ11	或综合布线
	电视接口	—	—	
	呼叫接口	—	—	
强电	照明	—	照度：300 lx，色温：3300～5300 K，显色指数：不低于80	
	电插座	6	220 V，50 Hz	五孔
	接地	—		
给排水	上下水	1	—	水槽
	地漏	—		
暖通	湿度/%		30～60	
	温度/℃		18～26	需设置机械排风
	净化		—	

附录　房间编码及名称对照表

序号	空间类别	房间编码	房间名称	所在页码
1		R1010104	单人诊室（独立卫生间）	22
2		R1010125	急诊诊室（双入口）	24
3		R1010132	急诊诊室（含值班床）	26
4		R1010133	中医传承诊室	28
5		R1010134	肛肠科诊室	30
6		R1020103	心理评估室	32
7		R1020201	皮肤科诊室	34
8		R1020205	皮肤镜检查室	36
9		R1020302	预约式妇科诊室	38
10		R1020304	妇科诊室（双床）	40
11		R1020313	妇科体检诊室	42
12		R1020502	儿科诊室（小儿）	44
13	一般诊疗类	R1020505	儿童智力筛查室	46
14		R1020506	生长发育测量室	48
15		R1020509	儿童体质监测室	50
16		R1020521	体格发育监测室	52
17		R1020702	吞咽评估治疗室	54
18		R1020703	步态功能评估室	56
19		R1030301	儿童营养诊室	58
20		R1110104	普通病房（单人）	60
21		R1110108	监护岛型单床病房	62
22		R1120404	骨髓移植层流病房	64
23		R1120603	核素病房（双人）	66
24		R1120705	单人隔离病房	68
25		R1210108	核医学单人候诊室	70

续表

序号	空间类别	房间编码	房间名称	所在页码
26	一般诊疗类	R1220108	结构化教室	72
27		R1230103	患者活动室	74
28		R1230203	儿童活动室（含宣讲）	76
29		R1250102	小型哺乳室	78
30	治疗处置类	R2010103	心肺复苏室	80
31		R2020310	处置室	82
32		R2030103	高活性注射室（给药室）	84
33		R2030104	注射室	86
34		R2030805	接婴室	88
35		R2030906	婴儿洗澡间	90
36		R2031104	治疗处置室	92
37		R2040102	个人心理治疗室	94
38		R2040103	早期发展治疗室（含培训）	96
39		R2041003	中医理疗室	98
40		R2050201	VIP 输液室	100
41		R2110404	家化新生儿病房	102
42		R2110405	袋鼠式护理病房	104
43		R2110411	新生儿重症监护病房	106
44		R2120205	早产儿护理间	108
45		R2210202	隔离分娩室	110
46	医疗设备类	R3210503	睡眠脑电图室	112
47		R3210808	语言治疗室	114
48		R3210816	儿童视听感统训练室	116
49		R3220404	眼科诊室及暗室	118
50		R3220409	眼科配镜室	120

序号	空间类别	房间编码	房间名称	所在页码
51		R3220602	LEEP 刀治疗室	122
52		R3220604	阴道镜检查室	124
53		R3230205	VIP 超声检查室	126
54		R3230501	超声骨密度检查室	128
55		R3250306	肿瘤热疗室	130
56		R3260513	ADL 训练区	132
57		R3261004	中药熏洗室（单人）	134
58		R3261006	结肠水疗室	136
59		R3261430	沙盘治疗室	138
60		R3300202	DR 室	140
61	医疗设备类	R3300208	全景室	143
62		R3320105	MRI-GRT（8 MV 直线加速器）	145
63		R3330103	后装治疗室	149
64		R3330206	甲状腺摄碘率测定室	151
65		R3300404	CT 室	153
66		R3450503	制水设备室	156
67		R3541111	耳鼻喉特需诊室	158
68		R3550303	口腔 VIP 诊室	160
69		R3570608	内镜洗消室	162
70		R3570609	储镜室	164
71		R4010201	回旋加速器室	166
72		R4010301	分装室	169
73	加工实验类	R4010303	储源室	171
74		R4020103	精子处理室	173
75		R4020211	血气分析实验室	175

续表

序号	空间类别	房间编码	房间名称	所在页码
76	加工实验类	R4020217	电泳室	177
77		R4020405	PCR 实验室	179
78		R4020409	放射免疫分析室	182
79		R4020412	PI 实验室	184
80		R4020801	二氧化碳培养室	186
81		R4020807	细胞培养室	188
82		R4040105	病房配剂室（三间套）	190
83		R4041404	核方打印室	192
84		R4050801	推车清洗室	194
85	办公生活类	R5010202	护士长办公室	196
86		R5030201	医生休息室（沙发）	198
87		R5030203	医护休息室	200
88		R5110101	联合会诊室	202
89		R5230102	无障碍卫生间（助浴）	204
90		R5230203	亲子卫生间	206
91		R5230204	亲子卫生间（单间）	208
92	医疗辅助类	R6010106	更衣室（18柜）	210
93		R6020502	缓冲间	212
94		R6030302	核素废物暂存间	214
95		R6120505	中药发药单元	216
96		R6120510	自动发药窗口	218
97		R6210202	仪器设备库房	220
98		R6210402	维修间	222
99		R6210601	精子库	224
100		R6310104	体检备餐间	226